Hao Chi
de
Lishi

好吃的历史

U0175477

吴昌宇

著

古人能吃上冰激凌吗？

明天出版社·济南

图书在版编目（CIP）数据

古人能吃上冰激凌吗？ / 吴昌宇著. --济南： 明天出版社，
2024.2
（好吃的历史）
ISBN 978-7-5708-1942-3

Ⅰ. ①古… Ⅱ. ①吴… Ⅲ. ①饮食－文化－中国－古代－少
儿读物 Ⅳ. ①TS971.2-49

中国国家版本馆CIP数据核字（2023）第133965号

策划组稿：肖晶 责任编辑：肖晶 李扬 美术编辑：朱娅琳
插图作者：子木绘 装帧设计：山·书装

GUREN NENG CHI SHANG BINGJILING MA?
古人能吃上冰激凌吗？

吴昌宇 著

出 版 人：李文波
出版发行：山东出版传媒股份有限公司 明天出版社
社址：山东省济南市市中区万寿路 19 号
网址：http://www.tomorrowpub.com
经销：新华书店
印刷：济南鲁艺彩印有限公司

版次：2024 年 2 月第 1 版
印次：2024 年 2 月第 1 次印刷
规格：170 毫米 ×240 毫米 16 开
印数：1—10000
印张：10 字数：84 千
ISBN 978-7-5708-1942-3
定价：40.00 元

如有印装质量问题 请与出版社联系调换电话：0531-82098710

目录

好吃的历史

Hao Chi
de
Lishi

1

古人能吃上冰激凌吗？

在"赤日炎炎似火烧"的盛夏时节，最受人们欢迎的零食会是什么呢？

"参赛选手"可不止一个，比如，冰棍、雪糕、冷饮。哦，对了，还有冰镇的大西瓜。这些冰凉的食物一入口，瞬间就能缓解暑意。

对于现代人来说，夏天吃到这些冰镇食品并不困难，因为我们有电冰箱，可是古时候的人在夏天会吃些什么呢？别说电冰箱了，他们连电都用不上啊。

其实，古人也能在夏天吃到类似冰棍、冷饮的食物，他们用来冰镇食物的工具是不插电的"冰箱"。1978年，湖北省随州市的曾侯乙墓出土了一类成套的组合型青铜容器，其中有一件小方盒被称作"尊缶"，另一件大方盒被称

作"鉴"，这两个方盒都配有盖子，还附带一个铜勺。使用时，是把尊缶放在鉴里，形成双层的容器结构，合称为"青铜冰鉴缶"。这套容器目前藏于中国国家博物馆，是目前已知最早的"冰箱"。

冰鉴缶的具体使用方法是：把冰块放到尊缶和鉴之间的空隙里，然后在尊缶中放酒，这样一来，酒就被冰镇变凉了，配套的铜勺就是用来舀酒的。随州市在先秦时期属于楚国领地，当时的楚国贵族很喜欢在夏天喝冰镇酒，《楚辞·招魂》中就有"挫糟冻饮，酎清凉些"的描写。当然，冰鉴缶在冬天的时候，也不会变成纯摆设，因为它也可以用来加热，只需要把空隙中的冰换成烧热的木炭就可以了。这两种用法听起来都很合理，却有个问题：冬天烧木炭不难，可是夏天要从哪里找冰块呢？

不用担心，咱们的老祖宗有配套的工程。早在两三千年前，我国的古人就已经会造冰窖了。当时的冰窖，建在背阴的地方，挖得比较深，里面晒不着太阳，有点类似于现在的地下室。就算外面烈日炎炎，冰窖里头也挺凉快。古人会在冬天从结冻的河流、湖泊、池塘中采冰，然后放进冰窖，冰块在凉爽的冰窖中融化速度会慢很多，足以供给人们夏天使用。

　　《诗经·豳风·七月》中有"二之日凿冰冲冲，三之日纳于凌阴"的诗句，描写的就是冬季采冰的活动。采冰的过程呢，今天的你在现实中是很难见到了。不过，在哈尔滨等地还有类似的活动，只不过不是为了冰镇食物，而是为了做冰雕。采冰的时候，人们先把冰用圆锯切成方块，然后用搭好的机械传送带和车运走。古人的采冰方式跟这个类似，只是工具落后些，用的是凿子和绳子。不过，因为古人采的冰会用于饮食，所以经常还需要提前做一些准备工作。

比如说，在清朝的时候，每年立冬以后，北京城的官府要在河流的上游开闸放水，把河里的淤泥和水草冲走，让水变得清澈干净。下游要关闸蓄水，以保证河水足够多。这些工作做完，就等着数九寒冬河水冻结实了。到那时，相关部门会组织工人去采冰，时间多选在没有日晒的夜间，冰被凿成方块，存到冰窖里。差不多到秋天，冰就用完了，等两三个月再存新冰。

有了冰，那就能做冰品了。在唐朝以前，冰窖制作技术还不成熟，能储存下来的冰没那么多，只有王公贵族那样的极少数人才有机会享用冰品。到了唐朝，随着冰窖制作技术的进步，到夏天能储存下来的冰越来越多，老百姓也有更多的机会能在夏天看到冰了。唐末五代时期，有个叫王定保的人编写了一本逸事小说集，名叫《唐摭言》，其中提到，在唐代的首都长安城里，夏天有人专门卖冰，老百姓也能买。当然，那时候冰的价格还是挺贵的，不是所有人都能买得起。唐代还有本书叫《云仙杂记》，对当时冰价的描述是"长安冰雪，至夏月，则价等金璧"。

真要说普通人也能吃得起冰镇食品，那是宋代以后的事了。到明、清时期，冰窖越来越普及，冰的价格也越来越便宜，在北京、杭州这样的大城市里，平民百姓夏天吃点冰镇食品，根本就不算什么新鲜事。

那么，古时候都有什么冰镇食品呢？

首先是各种冷饮。你如果出去玩，觉得渴了想喝点什么，一进超市或者便利店，就会在冰柜里看见各式各样的瓶装饮料，琳琅满目。其实古时候也不差。比如宋代的《东京梦华录》《武林旧事》等书中，都写到了很多当时的人们夏天吃的冷饮。

荔枝膏

比如，《东京梦华录》里有这么一段文字："沙糖绿豆甘草冰雪凉水荔枝膏。"古书里没有标点，这要怎么断句呢？可以是"沙糖绿豆甘草冰雪、凉水荔枝膏"，也可以是"沙糖绿豆甘草冰雪凉水、荔枝膏"。如果按第一种断法，那沙糖绿豆甘草冰雪大概就是一种类似冰镇绿豆汤的甜味饮料。而凉水荔枝膏，这个名字听起来像是用荔枝做的。不过按照元代的《御药院方》中的描述，它可能并没有用到荔枝，而是用乌梅、肉桂、乳糖、生姜、麝香、熟蜜熬成的黏稠膏状物，吃的时候可能需要用凉水冲调，就是凉水荔枝膏了。

冰镇绿豆汤

到了距离现在更近一点的年代，冷饮就更多了，比如说冰镇酸梅汤。

清朝时，北京城里卖的冰镇酸梅汤有三种档次。高档的是用开水泡乌梅，过滤后加入冰糖和桂花，这就算做好了。中档的呢，和高档的基本一样，只不过不是泡乌梅，而是把乌梅放水里煮，这样既省时间又省材料。中档和高档的酸梅汤在卖的时候，汤水都是装罐子里，然后再把罐子埋到碎冰里冰镇。

低档的酸梅汤也是水煮的，但是工序相对前两种就比较糊弄，最后还会把碎冰直接放到汤里。别忘了冰窖里的冰都是河水冻出来的，并不卫生，含有不少病原微生物，这种低档酸梅汤虽然便宜，但人喝了以后经常会拉肚子。

前边说的那些，都属于饮料范畴。大约在唐宋时期，人们发明了类似冰激凌的食物，名字叫"酥山"。"酥"有时也写作"苏"。唐代王泠然有一篇描写酥山的文章，标题就叫《苏合山赋》。按照元代古书的记载，酥就是在大锅里煮牛奶或羊奶，等放凉以后，捞出的最上面的那层奶皮。现在我们在煮全脂牛奶或羊奶时，也能观察到奶皮凝结的现象。

把酥加热融化后，加入糖和蜂蜜搅匀，趁热往盘子里边滴。因为盘子是冷的，所以融化的酥一滴上去，就会凝固，最后滴成一个雪山的形状，这就是酥山。酥山做好以后，不能马上吃，得拿去用冰块冷冻，等冻结实了再吃。要是少了这一步，后人就不会说它是古代的冰激凌了。

以咱们现代人的口味来说，酥山的主要成分是奶油，吃起来肯定有点腻，不如真正的冰激凌和雪糕好吃。不过对于古人来说，不管是不是真的好吃，光酥山的高昂成本，就足以让他们惊叹了。你想想，热一锅牛奶，才能捞出来多少奶皮啊！酥的价格不可能低，冰也不算便宜，这俩贵东西做成的食物，那可就是贵上加贵，能吃着那就算是享受。

南宋诗人杨万里，不光写过"小荷才露尖尖角，早有蜻蜓立上头"这样广为流传的诗句，还写过一首关于酥山的诗，叫《咏酥》。诗中是这么说的：

似腻还成爽，才凝又欲飘。

玉来盘底碎，雪到口边销。

大致意思是说：酥山这东西啊，白得像玉，像雪，好像有点腻，但又很清爽。你仔细想想，这口感是不是很像咱们的冰激凌？

除了冷饮、冰激凌，古人能不能吃到冰镇的水果呢？当然可以！冰窖里的冰，入夏之后就会越用越少，冰窖的富余空间就会越来越多。空着多浪费啊，得好好利用。清代时，冰窖的管理人会把空出来的窖内空间出租给水果商人，让他们当冷库用，这就有了冰镇水果。

所以，古时候的人是有机会在夏天吃到冰镇食品的。不光有冷饮，有类似冰激凌的酥山，还有冰镇水果，可选择的余地还真不少。能在炎热的夏天吃一口冰品，确实幸福啊。

只不过呢，能享受到这种幸福生活的古人，都是生活在零星几个大城市中的少数人，而在广大的小城市和农村，因为基本没有冰窖，那里的人们当然也就没冰镇食品吃了。到了今天，情况就完全不一样了。随着社会的发展，不管是在城市，还是在乡村，电冰箱随处可见，夏天的冷饮、冰棍、冰西瓜什么的，也就不分城乡，都不是什么稀罕玩意儿了。

好吃的历史

Hao Chi
de
Lishi

2

这些花，可以吃

植物有六大器官：根、茎、叶、花、果实、种子。咱们平时吃的蔬菜，都是植物的什么器官呢？有些吃的是根，比如萝卜、胡萝卜；有些吃的是叶，比如白菜、韭菜、菠菜；还有些吃的是茎，比如竹笋、土豆、芦笋；吃果实的也有，像冬瓜、南瓜、黄瓜、丝瓜这些瓜，还有辣椒、茄子、西红柿，都是吃果实；豌豆、绿豆、毛豆这些豆，吃的是种子。

那么，有没有吃花的蔬菜呢？也是有的，只不过它们经常让人看不太出来是花。

在吃花的蔬菜里，最容易"暴露身份"的，要数黄花菜。市场上出售的黄花菜，一般都是干制品，干黄花菜像一根根黄色的小棍，吃之前要用水泡发。把泡好的黄花菜

新鲜黄花菜好看，但有毒！

撕开，就能看到里面的雌蕊和雄蕊。如果这朵黄花菜保存得完整，应该能看出来它有六根雄蕊、一根雌蕊。

有时候，你也能在菜市场上见到新鲜的黄花菜，样子就像小号的黄色百合花，挺漂亮的。不过，这种新鲜的黄花菜，最好不要买来吃，因为它有毒。但如果把它晒干了，做成了干黄花菜，那就没毒了，可以放心吃。为什么呢？这就得说说黄花菜是怎么变干的了。

黄花菜的花，每朵最长只能开一天，一般都是头天下午开放，第二天上午就凋谢了。为了方便采摘，人们会选择在开放前一两个小时，把快开的花蕾给采摘下来，先蒸再晒，这样就得到干黄花菜了。在这个加工的过程中，黄花菜里面的毒素就被破坏了。

但是，新鲜的黄花菜就不一样了，它的毒素还保留在细胞内。因为鲜黄花菜有着一股特殊的清香味，和干黄花菜不一样，所以有些人还就爱吃它。但是，如果真要吃，一定、一定要先用热水把它彻底焯熟，去掉里面的毒素。万一火候不到，毒素没去干净，人吃了就会中毒，主要的中毒症状是上吐下泻，严重的话还会损伤许多内脏器官。所以，最保险的选择是干脆就别吃新鲜的黄花菜。

在好多城市的街头或者公园里，你还能看见一种和黄花菜长得很像的花卉，叫"大花萱草"。大花萱草是黄花菜的近亲，它们都是百合科萱草属的植物。在我国古代，人们对这类植物一般不作详细区分，统称为"萱草"。明代的《花疏》里说，"萱草忘忧，其花堪食，又有一种小而纯黄者，曰金萱，甚香可食"。这种能吃的金萱，指的应该就是黄花菜了。现在作为观赏植物的大花萱草，毒素含量比黄花菜还高，而且也更难去除干净，食用后更容易中毒，非常危险。

顺便提一句，现在我们尊称他人的母亲时，会用到一个词："令堂"。这个词也和萱草有关。《诗经·卫风·伯兮》中有一句"焉得谖草，言树之背"。这首诗描写了一位女子思念在外参军的丈夫。后人有注解说"谖"通"萱"，"背"是院子中的北堂（"北堂幽暗，可以种萱"）。在当时的"北堂"里，住的是家庭中的主妇，她们既是丈夫的妻子，也是孩子们的母亲。于是，萱草就这样和母亲联系了起来。母亲住的居室被称为"萱堂"，对他人母亲的尊称就是"令堂"。

黄花菜能吃的部分，是单独的花骨朵儿。还有一些菜，吃的是整个花序，甚至还包括茎和叶。那么，花序又是什么呢？

有些植物的花，每朵都是单独生长的，谁跟谁都不挨着，这种叫作"单生花"，比如玉兰、牡丹、郁金香。还有些植物开花的时候，是很多朵花按照一定的规律长在花轴上的，这样的结构就叫作"花序"，比如油菜花、海棠花。黄花菜的花其实也形成了花序，只不过在上餐桌前，一朵朵花都已经被揪下来了，看不出来原来花序的样子了。

其实，古人在很早的时候，就发现有些植物的花序可以吃了，"薹"指的就是这类植物。"薹"这个字很复杂，最早的意思是花梗。现在呢，有人把它简化了，写成青苔的"苔"字。这么写虽然方便别人看懂，但其实是不太合适的，因为青苔的"苔"并没有花梗这个意思。

薹类的蔬菜，常见的几种都是芸薹的变种或品种，比如白灼菜心用的那个"菜心"，以及武汉特产"红菜薹"。它们虽然一个绿一个红，长得不一样，可在植物学中，都属于同一个物种。

芸薹的原产地，可能是在中亚地区。早在几千年前，芸薹就已经传到中国了，后来被培育出了好多品种，现在还都很常见。不过，这些芸薹的外形和味道区别很大，大到几乎认不出它们是一家人了。

菜心和红菜薹属于同一物种

芸薹家族里最常见的蔬菜，那就要数大白菜了。虽然它长得跟菜心、红菜薹一点都不像，但其实还是有办法能看出它们是一家子的。下次家里吃白菜的时候，你可以把它最里边的芯儿留下来，立在碟子里用水泡着，过几天，这个白菜芯就能抽出花序，花序上的小花和菜薹尖上的花长得一样。

除了白菜，芸薹家族还有好多别的常见蔬菜。比如说，江浙沪一带冬天喜欢吃的乌塌菜，也叫塌棵菜，长得扁扁的，也是芸薹。还有一种蔬菜，在北京叫油菜，在上海叫青菜，在四川叫瓢儿白，也是一种芸薹。还记得之前讲过的、曾被北爱尔兰人拿来雕刻灯笼的芜菁吗？它也是芸薹。

在植物学上，芸薹所在的家族，叫作"十字花科"，因为它们的花基本上都是四瓣，呈十字形。十字花科的植物里，蔬菜特别多，典型的代表除了有芸薹家族，还有甘蓝家族。甘蓝家族的情况跟芸薹很像，同一个物种里有许多差别很大的品种。比如，菜花和西兰花，它们一个白，一个绿，但都是甘蓝的品种，能吃的部分也都是花序，长得又肥又大，聚在一起像个球。其实，菜花和西兰花也有其他的花序形状，比如所谓的"有机菜花"。它的花序比普通菜花要松散很多，其实和有机、无机没关系，只是花序长得比较蓬松而已。

事实上，菜花和西兰花的花序还是有点小区别的。菜花的那个白白的花序球里，花芽还没完全分化，这样的花芽是开不出花来的。也就是说，如果你买了一棵菜花，在冰箱里一直放着，无论你放多久，它一般都不会开出花来。但西兰花就不一样，它那个绿色的花序球里的花芽已经分化了，如果把花芽掰碎，能看到花瓣、雄蕊、雌蕊这些结构，在冰箱里放置时间长了，还可能会开出一些小花来。

甘蓝家族里还有一个品种叫芥蓝，长相跟菜花、西兰花差得就更多了，倒是有点像芸薹家族里的菜心。芥蓝的主要食用部分是幼嫩的茎和叶，不过茎尖上往往也带着花序。芥蓝的花和菜心的不一样，菜心是黄花，芥蓝是白花。

　　甘蓝家族里还有一些吃叶子的品种，你也不会陌生，但应该想不到它们和菜花、西兰花、芥蓝会是亲戚。这几位是谁呢？

　　头一个，卷心菜，也叫圆白菜；第二个，羽衣甘蓝，叶子很好看，长得就跟花似的，所以也会种到花坛里；还有第三个，抱子甘蓝，长得特别像圆白菜，但个头只有乒乓球那么大，带有明显的苦味，欧美国家的人比较喜欢吃。

　　所以你看，咱们的餐桌上并不缺少花，只不过平时很少被人注意而已。当然，这里讨论的只

卷心菜

羽衣甘蓝

抱子甘蓝

是一些常见的蔬菜。我国很多地方都会有把漂亮的花朵直接拿来做菜的习惯，比如，洋槐花可以裹上面糊蒸，茉莉花能用来做汤或者炒鸡蛋，玫瑰花可以制成玫瑰酱。要是到了云南，能做菜的花可就数不过来了，石榴花、芭蕉花、棕榈花……就连毒性不亚于鲜黄花菜的大白杜鹃，都被云南人拿来做成了菜肴。这些花虽然下锅前也经过各种处理减轻了毒性，但吃起来还是挺考验食客的胆量呢。

经典之作

　　《诗经》是中国最早的诗歌总集，编成于春秋时代，现存三百零五篇。大抵是周初至春秋中叶的作品，产生于今陕西、山西、河南、山东及湖北等地。作品大多是由周王朝乐官在古代献诗、采诗制度的基础上，搜集、整理、选编而成。分为"风""雅""颂"三大类，诗篇形式以四言为主，运用赋、比、兴的手法。《诗经》是中国现实主义文学的光辉起点，具有重要的史料价值，对中国两千多年来的文学发展有深广的影响。

好吃的历史

Hao Chi
de
Lishi

3

芥末也分真假？

　　在日本料理中，生鱼片一般都会搭配上酱油和芥末。很多快餐店里的炸鸡和热狗，也会配上芥末酱。中餐里的芥末鸭掌，同样也用到了芥末调味。

　　不知你有没有注意过，日本料理中的芥末是绿色的，芥末酱则是黄色的。虽然都是芥末，但它们的颜色不一样。虽然芥末的味道都很呛人，但又有点区别。这是为什么呢？

　　其实，它们中有真有假，并不都是真正的芥末。不过，所谓的"假芥末"，并不是假冒伪劣产品，只是因为制作原料来自不同的植物。要想分清它们，咱们得先了解一下真正的芥末。

　　炸鸡热狗里的黄芥末酱和芥末鸭掌中的芥末，是真正的芥末，它的原材料是芥菜的种子，也就是芥菜籽。芥菜跟

芥菜是芸薹和一种野生植物的后代

芸薹和甘蓝是亲戚，都属于十字花科。确切点说，芥菜是芸薹和一种叫"黑芥"的野生植物的后代。有些学者认为芥菜最早诞生在西亚到中亚地区，也有些学者认为芥菜的起源地应该在中国。十字花科的植物里，有不少都含有辛辣味的物质，比如萝卜，生吃就有辣味，圆白菜的梗，也带点辣味。

这种辣味，来自十字花科植物细胞内的一些油脂，尤其是它们的种子里头，这种油脂的含油量特别高。所以，人类很早以前就开始拿芸薹这一类植物的种子当食物了。在距今约一万年的叙利亚杰夫阿莫尔遗址中，就出土了一些榨过油的芸薹属植物种子。在距今六千年到七千年的陕西西安半坡遗址中，也出土了芸薹属植物的菜籽。这些都是人类食用芸薹属植物种子的证据，但这些种子还都不能确定是芥菜的。

在湖南长沙的马王堆汉墓中，人们发现了一些芥菜种子和写有芥菜名字的竹简，这可以说是我国古人食用芥菜籽的最早的实物证据。至于文献里的证据，那就要更早一些。春秋末期的《左传》中，有"季、郈之鸡斗。季氏介其鸡，郈氏为之金距"的记载。意思是：鲁国的两位贵族季平子和郈昭伯比赛斗鸡，这俩人都想了阴招，季平子用的招数是"介其鸡"，而郈昭伯是在鸡爪子上安青铜爪子，以提高杀伤力。

有人认为，"介其鸡"中的"介"是"盔甲"的意思，给鸡穿上盔甲。也有人认为，这里的"介"通"芥"，意思是给鸡身上涂芥菜籽粉，去刺激对手。如果后一种说法属实，那就说明春秋时代的人，就已经知道芥菜籽有刺激性气味了。哦，对了，那场斗鸡的结果是郈氏赢了，二人也因此结怨，最后导致了鲁国内部更大的变乱。

在十字花科的植物中，有很多都能作为蔬菜食用，芥菜就是其中之一。大约在南北朝时，芥菜就出现了两类品种，一类吃种子，一类吃叶子。到了现在，它的品种就更多了，而且啊，跟芸薹、甘蓝一样，不同品种的芥菜，样子差得也很大，大到你都不觉得它们是一家。

有些芥菜主要吃叶，比如说雪里蕻。清代的《广群芳谱》里有记载，冬天下雪以后，别的菜都冻死了，只有雪里蕻还是绿油油的，所以就有了这么个名字。雪里蕻这种植物远看是一丛一丛的，侧芽特别多，新鲜的时候又苦又呛，特别难吃，但如果加点盐，把它腌成咸菜，就会出现一种独特的鲜味，跟肉搭配在一起，又能提鲜，又能解腻。梅菜扣肉里用的梅干菜，很多都是用雪里蕻做的。

榨菜也是一种吃叶的芥菜。它的正式名字叫作"茎瘤芥"，因为茎上疙疙瘩瘩的，就好像长了瘤子一样，所以才有了这么一个名字。那些看起来像瘤子的结构，其实是它的叶柄，这也是它的主要食用部位。榨菜也是要腌着吃的，在腌制过程中，需要压上一些大石头，把榨菜的水分压榨出来，所以被叫作"榨"菜。

也有些芥菜主要吃根，比如芥菜疙瘩。它也叫大头菜，根部长得像个青萝卜，有比较浓的芥菜辣味，加点盐就能腌。北方的咸菜丝、水疙瘩，云南的玫瑰大头菜，原料都是芥菜疙瘩。

在四川和重庆一带，还有好多人都喜欢吃"儿菜"。儿菜也属于芥菜，长得很怪，就像一根长着好多芽的桩子，食用部位是茎和芽。儿菜的正式名字叫"抱子芥"——抱着的"孩子"就是茎上那一个个白白胖胖的嫩芽。这种菜不需要腌，新鲜的时候就可以吃，可以煮汤，也可以炒着吃，味道有点苦，有人喜欢吃，也有人接受不了。

刚才说的这些——雪里蕻、榨菜、芥菜疙瘩、儿菜，它们都是芥菜，结出来的种子，就是芥菜籽，只不过不太有人吃。还有些芥菜品种是专门出产种子的，也就是芥菜籽。把芥菜籽磨碎成粉末，就是芥末面；芥末面加水和其他调料混匀，就能做成芥末酱；如果把芥菜种子里辛辣味的油提取出来，那就是芥末油了。

前面说到，古人很早就开始拿芥菜籽当调料了，那么，这种调料是用来做什么菜的呢？西汉时期的《礼记》记载了很多当时社会的规矩。其中就说了，吃生鱼片的时候，春天要配葱，秋天要配芥，这个芥就是芥末。也就是说，中国的古人吃生鱼片，会配真正的芥末，黄色的那种。

那么，为什么日本人吃生鱼片，配的是绿色的芥末呢？

其实，日本的绿芥末，和芥菜没什么关系，它就是"假芥末"之一，来自一种名叫"块茎山嵛菜"的植物。块茎山嵛菜还有个更常用的名字，叫"山葵"。"葵"是说它叶子的形状，很像冬葵；而"山"呢，说的是它的生活环境。山葵喜欢凉爽潮湿的环境，大多会生长在山涧旁边。如果

我们喜欢凉爽潮湿的山涧

要种山葵，也得给它创造类似的环境。咱们中国云南有很多山，不少地方都适合种山葵。

山葵是十字花科的植物，主要食用部位是茎，有种淡淡的香气，具有呛人的辛辣味，和芥末有点像，所以经常被叫作"绿芥末"。用山葵作调料的时候，得用专门的工具把茎磨碎，磨出淡绿色的泥。山葵有一个缺点，就是香味和辛辣味都很容易挥发，最好现磨现吃，如果磨完了放在那里搁着，过一会儿它就没什么味了。

可是，超市里那些装在塑料管里的绿芥末酱，也不是现磨的啊，为什么就能一直有辣味呢？这可能是因为它的主要原材料不是山葵，而是另一种"假芥末"——辣根。

辣根也是十字花科的植物，原产地在欧洲，根长得又粗又大，白了吧唧的，有点像萝卜。辣根的英文名是Horse-radish，直译成中文就是"马萝卜"。芥末吃种子，山葵吃茎，而辣根呢，吃的是根。辣根的根不管是磨成酱，还是做成粉，辛辣味都能长时间保留，所以成了山葵的替代品，被做成了牙膏那样的绿芥末。但辣根其实是白色的，要想看起来像山葵，还得给它加点色。这个简单，咱们往里面加点绿色的食用色素就行了。

不过呢，虽然都有呛鼻子的辣味，但辣根和山葵的味道还是很不一样的。如果完全用加了颜色的辣根来做绿芥末，吃起来会觉得味道不对。所以，工厂在生产绿芥末酱的时候，经常会在里面加一些真的山葵粉，来提供山葵的香味，让绿芥末酱吃起来更接近新鲜山葵的味道。

我想，你大概也想到了，绿芥末酱里山葵粉加得越多，

它的味道和真山葵就越像。如果你想知道一个品牌的绿芥末酱里的山葵粉是多还是少，可以看一下包装盒上的配料表。根据咱们国家食品相关的法律法规，食品配料表里各种配料的书写顺序，必须按照加入量多少由高到低排列书写。配料在食物里占得越多，位置就越靠前。所以，如果配料表里第一个就是山葵粉，那这管绿芥末酱肯定就没少用真山葵；而如果山葵粉写在靠后的位置，那说明里面加的不太多，主要成分还是辣根；而如果配料表上压根就没写山葵，那这管芥末酱基本上就是辣根的味道了。

所以，下次你去超市的时候，可以去调料区找找芥末相关的产品：芥末油、芥末粉、黄芥末酱，这些都是用芥菜籽做的，算是真正的芥末；而那种像牙膏一样的绿色芥末，其实是模仿山葵做的"假芥末"。

经典之作

《左传》，亦称《春秋左氏传》或《左氏春秋》。儒家经典。旧传春秋左丘明所撰。清今文经学家认为系刘歆改编。近人认为是战国初年人据各国史料编成。《左传》以《春秋》为大纲，博采当时其他史籍以及流传于口头的史实，详细记述了上起鲁隐公元年（前722年）下至鲁悼公四年（前464年）春秋时代我国政治、经济、外交、军事等方面的重大事件。书中保存了大量古代史料，是我国的一部史传文学杰作。

好吃的历史

Hao Chi
de
Lishi

4

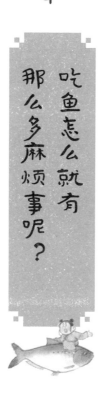

吃鱼怎么就有
那么多麻烦事呢？

　　北宋时期有个人叫彭渊材，很有才华，但是不曾当过大官，也没做过什么大事，在正史中没能留下很多记载。这位彭先生能被后人所知，全靠北宋僧人惠洪在《冷斋夜话》中记载的一些他的趣事。其中最著名的是说，彭渊材自称平生有"五恨"："一恨鲥鱼多骨，二恨金橘太酸，三恨莼菜性冷，四恨海棠无香，五恨曾子固不能诗。"你看，不知道内容的，还以为"五恨"是什么血海深仇呢，其实全是鸡毛蒜皮的小事。

　　站在现代人的视角去评判，这"五恨"中，有四件都是因为彭渊材见识不够才出现的。比如金橘，实际上是个统称，包括金橘、金柑、金弹等几个物种，其中有的酸，有的也很甜，像著名的广西融安金柑，就很甜，不酸。海棠也是同理。所谓海棠，并不是一个单独的物种，而是蔷薇科苹果属中一系列杂交种的统称，既有香的，也有不香的。莼菜"性冷"，只是古代医学不发达时人们想象出来的情况。最后提到的曾子固，就是唐宋八大家之一的曾巩，他可不是不会作诗，只是他的诗不如文章出名而已。

唯独这第一恨——鲥鱼多骨，可是一点都没错。鲥鱼这种鱼，我们今天基本上已经看不到了，可能已经灭绝。目前市场上销售的所谓"鲥鱼"，并不是真正的鲥鱼，而是它的两个近亲：来自东南亚的长尾鲥和来自北美洲的美洲西鲱。据说，鲥鱼最经典的吃法是带着鳞片清蒸，因为这种鱼连鳞片的味道都很鲜美。南宋时期的《咸淳临安志》中说鲥鱼是"鲥，六和塔江边生者，极鲜腴"。

它排老大，老二和老三是谁？

鲥鱼除了味道鲜美之外，最大的特点就是细刺极多，明代何景明曾在诗中说，"银鳞细骨堪怜汝，玉箸金盘敢望传"。可是，不知你有没有注意过，不同的鱼，体内的小刺好像并不一样多，这些鱼刺对它们来说有什么意义呢？

我们在吃鱼的时候，经常能从它们体内找到两种鱼刺。其中一种是"大刺"，就是那些又大又粗的骨头。这些骨头主要是鱼类的脊椎骨和肋骨，起支撑身体框架的作用。这种刺很好挑，并不会给吃鱼带来什么麻烦。真正麻烦的，是鱼身体里的小细刺，很多鱼都有这种小刺，比如说我们熟悉的鲤鱼、鲫鱼、鲢鱼、鳙鱼、草鱼、青鱼等等。有时候你吃一口鱼肉，恨不得都得吐出来好几根小刺。这种小刺有个专门的名字，叫作"肌间骨"，意思是长在肌肉之间的骨头。

鱼为什么要长这种肌间骨呢？难道是为了报复我们，谁吃鱼就扎谁吗？

当然不是！对鱼类来说，肌间骨能帮助它们的肌肉更好地发力，从而能在水中游泳。不过，并不是所有的鱼都有肌间骨。那些在演化历史上出现得比较晚的鱼类，因为可以靠强健的肌肉本身发力，肌间骨就不发达，有些甚至是完全没有。最典型的例子是鲳鱼、带鱼。

在有肌间骨的鱼类里，不同的鱼，肌间骨的数量还不

一样。比如鲤鱼，身上大约有一百根这种小刺，而草鱼、鲢鱼、鳙鱼，有一百二十根左右。而被彭渊材痛恨的鲥鱼，足足有一百四十根。那有没有比鲥鱼的小刺还多的鱼呢？当然有，比如说海鳗，它的身体里有四百多根肌间骨，吃起来超级麻烦。

如果想在吃鱼的时候少被肌间骨干扰，最简单的方法就是挑选刺少的鱼或者没刺的鱼来吃。比如海水中的鲳鱼、带鱼、鲅鱼、金枪鱼、比目鱼、黄花鱼，淡水中的黑鱼、鲈鱼、鳜鱼、鲇鱼等等。三文鱼本身长有肌间骨，但是数量不太多，被分割成鱼肉上市前，小刺一般都会被手工拔掉，所以通常也不会干扰食用。

　　另外，鱼的体形也会影响挑刺的难度。同一种鱼，体内肌间骨的数量基本一致，不会随着体形的增大而变多。像鲤鱼、鳙鱼、青鱼这样的鱼，能长到很大个儿，有时候鱼肉甚至都得切成块卖，内部的小刺可能比一些小鱼的大刺都好挑。翘嘴鲌等鲌属鱼类，一般被俗称为"白鱼"，就是苏东坡诗中"白鱼紫蟹君须忆"的那个白鱼，虽然肌间骨很多，但我们只要挑个头大的吃，挑刺就会变得容易很多，也说不上麻烦。

　　如果你像彭渊材一样，就想吃鲥鱼那样小刺很多的鱼，要怎么办呢？那就只能在烹饪的时候下功夫了。比如说沙丁鱼和凤尾鱼，它们都是鲥鱼的亲戚，小刺也特别多；但你吃沙丁鱼罐头、凤尾鱼罐头，却根本感觉不到有恼人的小刺，就是因为用了特殊的烹饪手法。因为做这种鱼罐头的时候，是把鱼先炸再炖。经过这么加工，别说小刺了，连大骨头都能给炸酥了，可不是轻轻松松就能吃下去？

骨头都炸酥了，轻松吃下！

另外啊，如果厨师经验丰富，还有可能靠刀工来解决小刺的问题。比如广东有的地方会做"无刺草鱼"。厨师要沿着特定的位置切鱼，一刀下去，草鱼的小刺就都露出来了，就能很方便地一根根剔掉。日本京都的厨师在切海鳗的时候，会每隔一毫米切一刀，但是又不切到底，肉还连在一起，这样就相当于把小刺给切碎了，吃的时候不扎嘴，也就没必要再挑刺了。还有更"解气"的办法，是把小刺和鱼肉一起剁烂、搅碎，给做成鱼饼、鱼丸，这样也完全吃不出鱼刺来。

解决了鱼刺问题，吃鱼的麻烦事就少了一大半，但还剩一小半，就是鱼的腥味。有些鱼，腥味重得让人根本没法下咽。鱼腥味又是怎么来的呢？有没有什么办法把它去掉或者减轻呢？

这个事得分两头说。

淡水鱼的腥味和海水鱼的腥味是不一样的。人们形容淡水鱼有"土腥味"，这名字挺贴切的，因为它主要来源于一种叫"土臭素"的物质。

脂肪多的地方，土臭素也多，味道就更腥

土臭素是水里的一些细菌、真菌和藻类制造出来的。鱼一天到晚都生活在水里，自然就会把土臭素吸收到身体里。土臭素很容易积累在脂肪中，所以，淡水鱼的皮和内脏的腥味，一般会比肉的腥味重，因为这些部位含有的脂肪多，土臭素也多。

既然土臭素不是鱼自己产生的，而是来自养殖环境，那么，要想减少淡水鱼的土腥味，就要改善水质。养鱼用的水干净了，细菌、真菌和藻类就不太容易大量繁殖，释放出来的土臭素就少，生活在这种环境中的鱼，土腥味就会比较轻。

可是，如果买不到生活在干净水质的淡水鱼，有没有什么解决土腥味的办法呢？当然有。比如说，在炖鱼之前先让鱼过一遍油，可以让一部分土臭素溶解到油里，就能减轻鱼肉的腥味。还有就是，在做鱼的时候加酒、醋，这些调料在锅里发生化学反应以后，也可以去掉一部分土臭素。实在不行，还可以把鱼做得味道重一些，多加麻、加辣，用调料的味道盖住腥味。

而海水鱼的腥味，就和鱼类的生活环境没有太大关系了，它主要反映的是鱼的新鲜程度，越不新鲜的鱼，腥味越重。海鱼的身体里富含一种物质，名叫"氧化三甲胺"，这种物质并不是鱼类特有的，很多动物都有，咱们人的体内也有。氧化三甲胺本身不腥，还能给鱼带来鲜甜味，是个好东西；但是，如果鱼死了，它体内、体外的细菌就会开始大量繁殖，细菌会把氧化三甲胺转化成三甲胺，这个三甲胺，才是海鱼腥味的主要来源。

所以说，海鱼如果足够新鲜，是没有腥味的；而鱼死了以后，随着时间的推移，腥味就会越来越重。像那种腥味太重的海鱼，还是不要买了，就算你用烹饪技术把腥味压过去了，这种不新鲜的鱼也不会太好吃。

不同种类的海鱼，死后变质的速度也不一样，有些鱼会慢一些，比如鲳鱼。在我国沿海地区，很多人都喜欢吃新鲜捕捞上来的鲳鱼，而在内陆地区，超市里卖的鲳鱼基本上都是冷冻货。鲳鱼变质的速度比较慢，冷冻鲳鱼的品质虽有下降，但跟新鲜的比起来也没有相差很多，顶多就是不像新鲜鲳鱼那样适合清蒸，只适合干煎、红烧等做法。

也有些鱼变质速度很快，比如青花鱼。这种鱼死后，不光有细菌等微生物去分解，自身的细胞也会释放出酶，去分解自己的蛋白质，这就会导致鱼肉迅速腐烂变质，不光腥臭难闻，还会生成有毒的物质。所以，在冷藏技术不发达的年代，青花鱼很少新鲜上市，一般都会被迅速做成鱼干、腌鱼或者罐头后才出售。

好吃的历史

Hao Chi
de
Lishi

5

虾、蟹虽好，
要吃新鲜的哦！

　　螃蟹虽然长相有点可怕，但大多数都味道鲜美，是人们喜爱的美食。可是历史上有这么一个人，吃完了一顿螃蟹宴以后，不光没有开心起来，还找了一肚子不痛快。

　　这个人叫陶穀（gǔ），生活在五代到宋初的时候。他文化水平挺高，人品却不怎么样，擅长钻营投机，在后晋、后汉、后周都做过官。宋太祖赵匡胤建立宋朝以后，任命陶穀做了翰林学士，主要工作就是替皇帝起草诏书，类似现在的秘书。陶穀觉得这是大材小用了，就对赵匡胤抱怨，说自己劳苦功高，应该做更大的官。赵匡胤心里明白陶穀是什么样的货色，就半开玩笑地说："我听说翰林学士起草诏书的时候，只是把旧诏书改改换上新词而已，这不就是俗话说的'依样画葫芦'吗？"反正没有提拔陶穀。

陶穀还有一个出使吴越国的故事，在《宋稗类钞》中有记载。吴越国是五代十国中的"十国"之一，虽然领土不大，却是当时少有的和平地区，三任国君都比较注重民生，不对外发动战争，让百姓过了几十年的太平日子。陶穀出使吴越时，正逢吴越王钱弘俶在位。钱弘俶请他吃螃蟹，从最大个儿的梭子蟹开始，从大到小地把不同种螃蟹端上桌。陶穀看着宴席，说了一句"真是一蟹不如一蟹啊"。他表面上是在说上菜的顺序，实际上是嘲讽吴越国的国王一代不如一代。钱弘俶也不是好欺负的，便让人给陶穀端上来葫芦汤，反击道："先王在位的时候，厨师擅长做这个汤，现在只不过是依样画葫芦。"这一举动把陶穀搞得无言以对。

《宋稗类钞》作为一部野史故事集，记载的故事可靠性有待商榷，但关于陶穀的故事至少说明了一件事，那就是古人很早就开始吃螃蟹了，并且还不是只吃一种。同时，也产生了很多关于吃螃蟹的禁忌，比如"死螃蟹不能吃""蟹心不能吃""螃蟹和柿子不能一起吃"等等。在这些说法中，有些的确属实，也有些没有科学依据。

比如"死螃蟹不能吃"，就没有错。可是，市场上卖的牛肉、鸡肉，也都是死的呀，为什么只拿螃蟹说事呢？这是因为，螃蟹死了以后，变质的速度实在是太快了，不光会不好吃，还很容易引起食物中毒。

我们一死，细菌马上大量繁殖，先破坏掉胃和肠，再分解我们的肉，释放有毒物质！

食物的变质大多是因为细菌、真菌这些微生物在兴风作浪，螃蟹也不例外，只不过呢，它还有一些特殊的情况。你看螃蟹的样子，张牙舞爪的，特别威风，但它们其实是杂食性动物，捡着什么吃什么，像什么草根树叶、死鱼烂虾，都可能是螃蟹的食物。所以，在螃蟹的胃和肠子里，平时就有很多细菌。等螃蟹一死，细菌马上就会大量繁殖，先破坏掉胃和肠子，再跑出去分解蟹肉，释放出有毒物质。

换句话来说就是，如果螃蟹死后没有被及时做熟，那么随着时间的推移，它的身体会积累起越来越多的毒素。比如，一只螃蟹死后没被放进冰箱里，只要几个小时，人再吃掉它，就可能引起食物中毒；放冰箱冷藏可以减慢它变质的速度，但也撑不了多久，最多也就一天。

如果有人从北京出发，坐高铁到了天津塘沽买了新鲜的梭子蟹，想带回家吃，最好的办法是马上把螃蟹煮熟，

带螃蟹简单，但我们怕它死在路上！

带着熟螃蟹回北京。虽然这样螃蟹的味道会差一些，但食用起来比较安全。要是拎着活螃蟹回家，它们很可能会死在半路上，等到家以后八成就已经不能吃了。

不过，带着熟螃蟹走，只是比较安全，而不是绝对安全，因为空气里也有细菌，它们也会在熟螃蟹上繁殖。所以，螃蟹煮熟以后，哪怕保质期已经变长了，也只是多几个小时而已，拿回家后还是得马上加热，把细菌杀死后再吃更安全。

其实，不光是螃蟹，虾也是这样，毕竟，这两类动物是关系挺近的亲戚。在北京这样的内陆城市，超市里卖的虾和螃蟹分两种：一种是活的，这当然好，但仅限于大闸蟹、海白虾这样比较皮实的种类，因为它们能被活着运过来；第二种当然是死的，但是要注意冰冻，让细菌繁殖得慢一些，像梭子蟹这种很难活着运过来的螃蟹，在内陆地区就只能卖冰鲜或者速冻的了。

关于吃螃蟹的第二个说法，是"蟹心不能吃"，这个呢，稍微有一些科学依据，但也不全对。虾、蟹的身体里，确实有一些部位不适合食用，但和心脏的关系不大，主要有三个器官：鳃、胃和肠子。

咱们先说螃蟹。螃蟹的鳃在哪里呢？下次吃蒸螃蟹的时候，你可以留意一下，把它后背的那个盖儿揭开以后，会看到在靠近那八条腿的内侧，有好多排成排的锥形结构，软乎乎的，质地有点像海绵，那就是螃蟹的鳃。螃蟹靠鳃呼吸，鳃上很容易积累水里的污染物，不太干净，最好别吃。

胃和肠子里的细菌比较多，最好也别吃。不过，怎么辨认出螃蟹的胃和肠子呢？别担心，很好分辨。吃螃蟹的时候，不是要先掰开它的蟹脐嘛，就是肚子上的那块"盔甲"。蟹脐上有个尖儿，那里就是肠子的末端，把蟹脐反过来，从末端到嘴，在螃蟹的体内连着一条线，这条线就是它的消化道，也就是胃和肠子。胃紧挨着嘴，肠子接在胃的后面，一直延伸到蟹脐里。

虾的情况和螃蟹差不多。你可以想象一下，如果把一只虾的虾头给拉大、拍扁，不就成了螃蟹背上的大壳吗？然后你再把虾尾捏扁了，窝到身体下边，那就成了蟹脐，是不是挺神奇的？

其实，虾头和螃蟹的大壳是一个部位，叫作"头胸部"；而虾尾和蟹脐也是一个部位，叫作"腹部"。虾和螃蟹这类动物，身体通常分为两到三个部分。如果算是三个部分的话，分别是头部、胸部、腹部；如果算是两个部分的话，那就是头胸部和腹部。

虾的鳃和胃藏在虾头里，大部分人吃虾的时候，会把虾头整个儿扔掉，本来也不会吃到鳃和胃；而肠子呢，就是俗称的虾线，像一条细长的线，贴在虾的后背上。

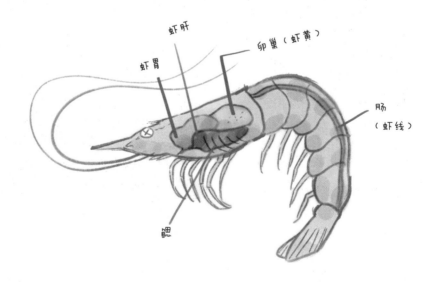

虾肝

卵巢（虾黄）

虾胃

肠
（虾线）

鳃

有人认为虾线不能吃，这是有点道理的，因为它是虾的肠子，内部的细菌确实比较多，最好是挑掉。不过，如果是完全做熟的虾，细菌已经被高温杀死了，那吃起来其实也没啥问题，不用担心。

还有些人说，虾、蟹和其他一些食物会"相克"，所以不能一起吃。比如说，虾不能和维生素 C 一起吃，或者螃蟹不能和柿子一起吃。其实，这些说法都没什么道理。

说"虾不能和维生素 C 一起吃"的理由是：虾体内有含砷的化合物，会和维生素 C 发生反应，生成有毒的物质。这个反应理论上确实可以发生，但实际上生成的有毒物质，

量实在太少了，真要是到中毒的程度，怕是得一顿吃下几百斤虾。而且，含砷的食物不止虾这一种，大米白面也有，要是虾真的不能和维生素 C 同吃，那米饭馒头也不能和维生素 C 一起吃了。

至于"螃蟹和柿子不能一起吃"呢，比前一个说法略微有点道理。理论上来说，柿子中含有可溶性鞣酸，能够和蛋白质发生反应，生成比较硬的块状物，如果块状物太多，有可能会形成结石积存在胃中，导致肚子疼。可是，这里有两点问题。第一，高蛋白的食物不只螃蟹一种，几乎所有动物类的食材蛋白质含量都很高，比如鸡、鸭、鱼、猪、羊、牛，如果螃蟹不能和柿子一起吃，那吃完别的肉也不能吃柿子。第二，可溶性鞣酸的涩味很重，吃一口就能让人涩到张不开嘴，而咱们日常食用的柿子，几乎不涩，这是因为，柿子熟透以后，可溶性鞣酸的含量会降低，所以就算遇到高蛋白的螃蟹，也不会形成太多的胃结石。

要想预防吃柿子引起的胃结石，重点不在于和不和螃蟹一起吃柿子，而在于控制柿子的食用量。不管吃不吃螃蟹，普通成年人一次吃柿子最好控制在两个以内，这样一般不会有什么问题。而对肠胃功能很弱的人来说，最好还是少吃一些柿子，以免肚子不舒服，但这跟吃不吃螃蟹就没有关系了。

好吃的历史

Hao Chi
de
Lishi

6

『诗仙』李白的酒量有多大？

　　唐代诗人杜甫写过一首诗，叫《饮中八仙歌》，诗中
讲的是当时都城长安中的八位爱喝酒的名人。在这八个人
里，名声最大的就要数"谪仙人"李白了，杜甫描写他的
诗句是："李白一斗诗百篇，长安市上酒家眠。天子呼来
不上船，自称臣是酒中仙。"杜工部真不愧是和李白齐名
的大诗人，只用了短短四句，就把李白才华横溢、放旷不
羁的特点像画速写一样展现了出来。

　　而李白自己的诗呢，当然也少不了描写喝酒。有的
是写自己喝，比如"花间一壶酒，独酌无相亲。举杯邀明
月，对影成三人"。也有的是写与别人一起喝，比如《将
（qiāng）进酒》。在这首诗里，李白劝岑夫子、丹丘生这
俩朋友喝酒，喝少了他还不干，要"会须一饮三百杯"。

这些诗句似乎都给人一个共同的感觉，那就是，李白这个人酒量特别大，动不动就喝一斗。那么，一斗又是多少呢？斗是古代的体积单位。根据《唐六典》中的记载换算，唐代的斗分大小两种：大斗大约等于 6000 毫升，相当于两瓶半多的 2.25 升大可乐的量；小斗是大斗的三分之一，也就是约 2000 毫升，将近一瓶 2.25 升大可乐的量。

哪怕按小斗来算，李白这个酒量也真是够大的啊，一次喝这么多酒，不仅没醉倒，还能写诗。难道李白不光是"诗仙"，还是个"酒仙"？他真的能做到千杯不醉吗？

这个啊，还真不一定。要想搞清楚李白的酒量，得从酒的起源说起。

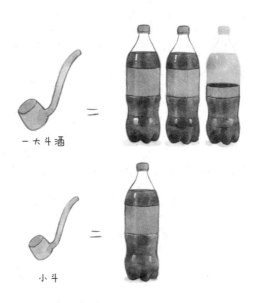

一大斗酒 ＝

小斗 ＝

今天商店里卖的酒，大多是酒厂批量生产出来的。其实，自然界里本来就有酒，酒的诞生时间，远远早于人类出现的时间。

制造酒的"工人"，是一类名叫"酿酒酵母"的微生物。微生物嘛，个头自然非常微小，必须要用显微镜才能看清。虽然我们平常看不见酿酒酵母，但它其实是我们的"邻居"，就生活在我们周围的环境里，比如说葡萄等水果的外皮上。

酿酒酵母有一个本领，能够分解糖类，制造出酒精。其实，这个本领很多生物都有。只不过，酿酒酵母的这个本领表现得最为突出，最能被人类利用。在大自然里，经常会出现这么一种情况：某棵树的果子成熟了，落到地上，堆成厚厚一层，这些果子相互挤压，慢慢就有了果汁。果汁里边有糖，而果皮上又"住"着酿酒酵母，酿酒酵母一遇到果汁，就会把糖分解掉，生成酒精，果汁就这样变成了果子酒。

很多动物都会被果酒的香味吸引，其中就包括了咱们人类的祖先。现存的那些爱喝酒的动物中，有一种特别厉害，叫作"笔尾树鼩（qú）"。笔尾树鼩生活在马来西亚，长得就跟小耗子那么大，喜欢吃当地一种棕榈树的花蜜，而这种花蜜就经常被酿酒酵母变成花蜜酒，所以笔尾树鼩

也就经常"喝酒",而且还喝不醉。有人研究过,一只笔尾树鼩一晚上喝掉的天然花蜜酒,里边的酒精含量相当于九杯红葡萄酒。一般人要是喝这么多酒,多少都会有点醉,但笔尾树鼩一点事都没有。

笔尾树鼩虽然长得像老鼠,但它所在的树鼩目和人类所在的灵长目亲缘关系很近,和真正的老鼠反而关系要远一些。人类、猴子、猩猩等灵长目动物的祖先,外形和生活习性可能就和树鼩有相似之处。所以,人类的祖先,很可能也是"酒鬼",早在千百万年前就已经开始喝天然的果子酒了。

不过，天然的果子酒有个缺点，它们是"季节限定"产品。原因很简单，因为果子一般都会在固定的季节成熟，天然果子酒只有在果子成熟的时候才有可能被喝到，其他季节就没有了。远古时期的人想喝酒又找不到，就只能开始琢磨自己酿酒了。

酿酒这件事，原理很简单，有果子和酿酒酵母就足够了。但是实际操作起来，可不那么容易。首先，酿酒得有容器。你可能会想：容器，不就是瓶瓶罐罐嘛，还不好找吗？现在咱们不觉得这是个问题，但对于上万年前的古人来说，找容器可就有点难了，因为没有现成的啊！

一开始，古人会把整段大木头挖成木桶，或者用大石头磨出石盆，用来当容器。想想都很辛苦。等到陶罐被发明出来后，这才稍微方便一些。

容器的问题解决了，下一个问题就是时间。酿酒需要比较长的时间，少说也得十天半个月。这段时间对现代人来说没什么大不了的，可远古时期的人不一定能等得了，因为他们还没过上定居生活，为了填饱肚子，每天得换着地方打猎、捕鱼或者采集野果。而要想酿酒，人类得在一个固定的地方等上很多天，那么这期间的伙食问题要怎么解决呢？所以说，古人在过上定居生活之前，要自己酿酒不太现实。

要过上定居生活，人们得能自己种粮食、种蔬菜，这样才不用到处找吃的。自己种粮食、种蔬菜，这就意味着，农业出现了。也就是说，古人开始自己酿酒应该是在农业出现以后。

农业的出现还带来了一个好处——酿酒的原料更丰富了。既然酿酒酵母是把糖转化成酒精，那么含糖量高的原料大多都适合酿酒。果子含糖高，能酿果子酒；粮食含糖量也高呀，所以也可以酿粮食酒。目前全世界已知最早的酿酒遗迹，在咱们中国河南省舞阳县的贾湖遗址，距离现在约 9000—7500 年。根据化学成分检测，我们可以得知，那时候的酒，原料应该是水果、蜂蜜和大米。瞧，已经用上粮食了。

古时候，中国人酿酒主要用的原料就是粮食，比如小米、大米、黄米等等。也正因为如此，古代一些统治者遇到缺粮的年份时，经常会发布命令，禁止酿酒，因为要节约宝贵的粮食让老百姓填饱肚子。比如《后汉书》中就有记载，曹操在公元 207 年完全平定北方之前，就下令禁酒，以缓解饥荒和战争对民生的破坏。《三国志》中也有记载，刘备入川后，遇到旱灾，粮食减产，也曾下令禁酒。

粮食中的糖，大部分是由淀粉转化而来。光靠酿酒酵母自己没法把淀粉直接转化成酒精，酿酒还得先借助另一类微生物的力量。是什么微生物呢？说起来你可能会有点意外，是几种霉菌，就是咱们日常说东西"长毛了""发霉了"时，看到的那些"毛毛"。

你或许会想：长毛发霉，这不就说明东西都坏了吗？这样酿出来的酒还能喝吗？其实，并不是所有的霉菌都能变出酒来。霉菌的种类很多，酿酒能用到的只是很少的几种，它们有一个统称，叫作"酒曲"。酒曲只要在可控的情况下生长，就不会把粮食搞坏，而是会帮助人们酿出酒来。

人类过上定居生活以后，开始大量酿酒，不仅满足了酒瘾，还得到了一个意外的好处，就是消毒杀菌。

人每天都得吃喝拉撒，会在居住地留下很多粪便。在过上定居生活之前，粪便的问题不大，反正过几天人类就换个地方住了；但是定居下来就不一样了，如果让每天产生的粪便都留在身边，就很容易污染周围的水源。如果喝了有细菌的脏水，人就很容易拉肚子。古时候不像现在医疗条件那么好，拉肚子可能会变成大病，说不定会死人的。

一个偶然的机会，古人发现喝酒比喝水更不容易拉肚子。为什么呢？因为酒中的酒精能够有效杀死病原微生物，直到今天，我们不是还会用酒精来杀菌消毒嘛！古人不知道原理，但他们肯定注意到了这个现象——喝酒不容易拉肚子，也就意味着能保命。所以，一直到几百年前，还有很多人靠喝酒来摄入相对安全的饮用水。

　　要注意啊，这里说的只是"相对安全"。因为早期的酒，杀菌消毒的效果其实并不算好，跟咱们现在的医用酒精比起来可差远了。医用酒精的酒精浓度是75%，这个浓度杀菌效果最好。用酿酒酵母是没法直接酿出高浓度的酒的，最高只有大约15%，一旦到了这个浓度，酿酒酵母自己也会被酒精杀死，它们一死，就不能再继续制造酒精了，酒中的酒精浓度也就不会继续提高。而且，这个15%也只是理论上的最高值，人们实际酿出来的酒，度数往往会更低，能有10%就很不错了。

那我得多喝点

喝酒不容易拉肚子

　　那么，那些酒精浓度超过15%的白

酒，又是怎么做出来的呢？原来，在它们的加工过程中，人们用到了一个新技术，叫作"蒸馏"。简单来说，蒸馏就是通过加热的方式，让酒中的酒精首先蒸发成气体，再收集冷凝成液体，与酒中的水分分离。酒精和水的沸点不同，在通常环境下，酒精大约在78.5℃沸腾汽化，而水要100℃才能汽化。如果把加热温度控制在78.4℃到100℃之间，那么酒中的水还能保持液态，而酒精就带着很多芳香物质变成了气体。这时，只需要用一些设备收集酒蒸气，等它们遇冷凝结回液态，就能得到高浓度的酒精溶液，也就是度数高的酒了。这样制造出来的酒，统称为蒸馏酒。

那么，中国是从什么时候开始做蒸馏酒的呢？按照现在的研究结果，最晚是在元代，距今七百多年。所以有这样一种可能，只有元代和元代之后的人，才能喝到高度数的白酒；而在此之前的人呢，就只能喝到低度数的酒了。至于唐代的李白，他日常喝到的酒度数不会太高，比现在的米酒、醪糟高不了多少，很可能就是啤酒、葡萄酒的度数水平。诗里说他能喝一斗酒，与其说他是酒量大，不如说他是胃容量大。要换成一般人，别说是酒了，就是一次喝一大瓶可乐也受不了。而李白呢，喝完都没说撑得慌，还能写诗，这胃确实是有点厉害啊！

　　现代人喝的蒸馏酒，酒精度数比唐朝人喝的酒可是高了不少，所以，要是有谁想跟李白拼酒量，喝一斗酒下肚，估计就该酒精中毒了。酒精这个东西，对人体是有害的，并且没有安全剂量。换句话说就是，只要喝下了酒精，就对身体有害。间接后果是会提高癌症、心脑血管疾病的发病率，直接后果就是酒精中毒。哪怕没到酒精中毒的程度，仅仅是醉酒，也很容易因为意识不清而发生事故受伤。甚至连酒后常出现的呕吐现象，也可能会因为吐出过多胃液而导致血钾骤降以致猝死。

所以说，无论是什么人，出于健康的考虑，都应该尽量不喝或者少喝酒。尤其是不能为了与人比拼酒量就大量喝酒，那会给身体带来严重的伤害。

 诗词之美

《饮中八仙歌》

【唐】杜甫

知章骑马似乘船，眼花落井水底眠。

汝阳三斗始朝天，道逢麴车口流涎，恨不移封向酒泉。

左相日兴费万钱，饮如长鲸吸百川，衔杯乐圣称世贤。

宗之潇洒美少年，举觞白眼望青天，皎如玉树临风前。

苏晋长斋绣佛前，醉中往往爱逃禅。

李白一斗诗百篇，长安市上酒家眠，

天子呼来不上船，自称臣是酒中仙。

张旭三杯草圣传，脱帽露顶王公前，挥毫落纸如云烟。

焦遂五斗方卓然，高谈雄辩惊四筵。

这是唐代诗人杜甫的一首七言古诗，栩栩如生地描绘了当时号称"酒中八仙人"的贺知章、李琎、李适之、崔宗之、苏晋、李白、张旭、焦遂这八人的速写图。全诗句句押韵，一韵到底；前不用起，后不用收；并列地分写八人，句数多少不齐，但首、尾、中腰，各用两句，前后或三或四，变化中仍有条理，在体裁上是一个创格。作者写八人醉态各有特点，写他们的平生醉趣，寥寥几笔即可见人物全貌，足见作者笔力的深厚与潇洒。

好吃的历史

Hao Chi
de
Lishi

7

当心，有毒的食物！

　　在很多地方，都流传着这么一个说法：小孩不能吃鱼子，吃多了会变傻。这当然不是真的，吃不吃鱼子跟变不变傻没关系。

　　不过，有些鱼的鱼子，确实不能吃，因为它们有毒。最典型的例子就是河豚。河豚的肉味道非常鲜美，但是除了肌肉之外的很多身体结构都富集毒素，人类食用后会中毒而死，至今都没有解药，但仍有很多人为了它的鲜美而"拼死吃河豚"。苏轼是北宋的大文学家，也是个美食家，还发明了东坡肉这道菜。宋代的《示儿编》曾记载了他吃河豚的故事。他在常州时，爱吃河豚，有个擅长烹制河豚的人就请他来家中赴宴。苏轼也知道河豚有毒，但依旧抵挡不住这份美味。在品尝河豚的时候，主人家全家老小都躲在屏风后边，想听听大名鼎鼎的苏学士会给出什么评价，结果苏轼吃饱喝足后放下筷子，说了一句"也值得一死"。

不同种类的河豚，身体内有毒的位置也不太一样，但总体来说，雌鱼的卵，也就是鱼子，毒性比较强，不能吃。除了河豚之外，有些鲇鱼的鱼子也会带有毒性，吃的时候最好去掉。

鱼类有毒的部位还不止鱼子。有一些很常见的淡水鱼，比如鲤鱼、鲫鱼、草鱼、青鱼、鲢鱼、鳙鱼等，它们都属于鲤形目鲤科，经常出现在人们的餐桌上，看起来根本就不会和"有毒"扯上关系。但实际上，这些鱼的胆都有毒。剖鱼的时候，需要格外小心，注意不要把胆弄破。如果弄破了，胆汁流出来，不光会让鱼肉变苦，还可能会让人中毒。

鱼胆里的主要毒素，是一种叫作"鲤醇硫酸酯钠"的物质。这种物质会对人的肾脏造成严重伤害。一条两千克重的草鱼，它的鱼胆就足以让一个成年人中毒，严重的话还会危及生命。

因为鱼胆中含有胆汁，味道很苦，会让人联想到"良药苦口"，所以从古时起，鱼胆就被误认为药材。比如，明代的《本草纲目》中，就说鲤鱼胆和青鱼胆"苦寒、无毒"，还说它们能治眼部疾病，这其实是完全错误的。人如果真的吃了鱼胆，只可能会因为中毒而被送进医院抢救，这样的案例屡见不鲜。

另外，鲤醇硫酸酯钠性质很稳定，能耐受烹饪时的高温，也不怕胃液中的胃酸和酒里的酒精。所以无论是生吃、熟吃，还是泡酒吃，鱼胆都能让人中毒。

还有些鱼，血液里也有毒，比如说黄鳝。如果你在市场上买过新鲜的黄鳝，看过商贩杀鱼的场景，就一定会发现，他们会把黄鳝的血液彻彻底底放干净，再拿给顾客，这就是因为黄鳝血有毒。不过呢，黄鳝血里的毒素怕热，烹饪时，只要充分加热黄鳝，就能让这个毒素失去毒性，所以，吃熟透的黄鳝并不会中毒。和黄鳝外形相似的鳗鲡，虽然和黄鳝并不是近亲，但血液也有毒性，同样也是充分加热后就可以安全食用。

前头说的那些鱼，都是淡水鱼，海水鱼里也有有毒的。热带珊瑚礁海域的一些藻类会制造一种名叫"雪卡毒素"的物质。鱼类吃了这种藻类以后，就会把雪卡毒素积累在自己的身体里。雪卡毒素的毒性比河豚毒素还强，却不会伤害到鱼类，但如果是人吃了它，就会中毒，最典型的症状就是对温度的感知发生异常，摸热的东西觉得凉，

我们会制造雪卡毒素

摸凉的东西觉得热。但是总体来说，雪卡毒素致死的案例并不多，不像河豚毒素致死那么常见。

一条海鱼身体里有没有雪卡毒素、有多少雪卡毒素，靠肉眼是分辨不出来的。所以，如果在我国东南沿海地区，购买鲷鱼、石斑鱼等喜欢生活在珊瑚礁海域的鱼类时，最好是挑小一点的鱼买，因为鱼的个头越大，身体里积累的雪卡毒素可能也就越多。

那么，有没有有毒的植物呢？如果有的话，跟有毒的动物比起来，有毒的植物种类会少些吗？

这个世界上确实存在有毒的植物，而且种类比有毒的动物要多得多。因为对植物来说，毒素就是它们抵御敌害的重要手段。

在《白雪公主》的故事里，白雪公主是吃了有毒的苹果才中毒的。其实，每一个苹果都有毒。不过，正常情况下，吃了苹果的人并不会像白雪公主那样倒下，因为苹果的毒素储存在种子里，也就是苹果核内部那些棕黑色的籽。一般人吃苹果时，不会把种子给嚼碎吃下去，所以是不会中毒的。

苹果种子中含有的毒素，在化学分类中属于氰化物。不止苹果，很多水果的种子里都有氰化物，如果被人吃了，这些氰化物会在胃里变成另一类物质——氢氰酸。氢氰酸的毒性特别强，只需要一点点，就能让人中毒，严重时甚至会危及生命。氢氰酸这种物质闻起来有股杏仁味，在《名侦探柯南》和《福尔摩斯探案集》等很多推理作品中，它都出现过，侦探经常是因为闻到了杏仁味，才发现了被害人死于氢氰酸中毒。

很多水果的种子都含有氰化物，杏仁就是其一。杏仁是杏的种子，按照味道可以分成两类，一类叫甜杏仁，一类叫苦杏仁。甜杏仁里氰化物很少，不

我的肉没毒但籽有毒

会引起中毒；而苦杏仁中的氰化物就比较多了，如果直接吃，很容易引起中毒。如果要吃苦杏仁，得把它放在温水里泡一泡、洗一洗，去掉里边的大部分毒素，吃起来才安全。

在植物学上，苹果和杏属于关系比较近的亲戚，都是蔷薇科的植物，蔷薇科中有不少种类的种子中都含有氰化物，比如梨、桃、李子、枇杷和樱桃等。不过咱们也不用太担心，因为正常情况下咱们也不会去吃这些种子。比如说樱桃吧，种子藏在坚硬的核里，人也嚼不开呀。那么，如果有谁不小心吃掉了它们的种子，会不会就毒发身亡了呢？一般也不会，因为这些种子个头小，里头氰化物的含量微乎其微，稍微吃一点也不会有事。

这些水果里，最值得注意的是枇杷。枇杷的种子个头比较大，相对来说毒素也多一点，而且种子个头大还容易噎着、呛着。所以，虽然不小心吃了枇杷种子也不一定有事，但为了安全，尽量还是不吃为好。人们在采集昆虫标本时，为了防止捕捉到的活昆虫在容器中挣扎、打架，损伤身体结构，一般都会把它们先毒死，而枇杷核就能充当采集标本时杀死昆虫的毒药。

接下来我们说说有毒的蔬菜。有些蔬菜也含有毒素，最典型的就是黄花菜，新鲜的黄花菜得先去掉里边的毒素才能吃。常见的蔬菜里，可能有毒的还有番茄，也就是西红柿。番茄的果实熟透了以后没毒，挺好吃的，但是成熟

之前有毒，不能吃。所以，一般来说，买番茄要尽量挑熟透的、红色的买。不过，也不是所有品种的番茄，熟了都是红色的，有些品种熟透以后果实也会带有绿色，或者干脆就是全绿的，这种绿番茄可以放心吃，不过买之前最好仔细看标签，或者问问摊主，确认一下是不是生番茄再买。

瓠子是葫芦的一个变种，也可能有毒。它不像普通葫芦那样能做成瓢，而是在嫩的时候作为蔬菜食用。正常的瓠子是没有苦味的，但我们偶尔也能吃到带苦味的。这种带苦味的瓠子含有葫芦素等有毒物质，人吃了以后容易出现恶心、呕吐的症状。和瓠子同属于葫芦科的很多蔬菜也是一样，比如丝瓜、南瓜、冬瓜、黄瓜、西葫芦等，一旦发现有苦味就不能吃了。不过，苦瓜是个例外，它的苦味不是由葫芦素带来的，没有毒，可以放心吃。

大豆和菜豆中含有皂苷和植物红细胞凝集素。皂苷会刺激人的胃肠道，让人肚子不舒服，而植物红细胞凝集素会破坏红细胞，都会引起人体不适。这两种物质只要充分加热，就会失去活性，不再有危害。菜豆在全国各地有着许多俗名，比如豆角、扁豆、四季豆等等，很多人都知道它不能生吃。豇豆因为长得和菜豆相似，有时也会被误认为不能生吃。其实豇豆没有毒，可以生吃，在东南亚地区，人们还喜欢用生豇豆来做凉拌菜。

说到生吃蔬菜，就不能不提生菜。它之所以叫这个名字，就是因为它生吃的时候比其他蔬菜更安全。但是，生菜的祖先其实是有毒的。生菜、莜麦菜和莴笋，这三种蔬菜其实是属于同一种植物，都叫作"莴苣"。莴苣的祖先叫"刺莴苣"，它的叶子边缘和背面长了成排的尖刺，又高又大的。掰断一棵刺莴苣，它的横断面处会流出白色的汁液来，看起来有点像牛奶，这种汁液是有毒的。

虽然生菜"继承"了祖先的这种毒素，但现在吃起来已经属于相对安全的蔬菜了。这是因为后期它经过了人类的选育，毒素含量大大降低，正好处于既能杀菌，又不会让人中毒的状态。当然，能杀菌只是让生菜生吃这件事相对安全，并不是说吃了生菜绝对不会拉肚子。而且，用来生吃的生菜，还得是清洗干净的新鲜生菜，要是放太久变质了，那它自身的那点杀菌效果可就不够用了。

《本草纲目》，中国古代药学史上篇幅最大、内容最丰富的药学巨著。明代李时珍撰成于万历六年(1578年)，共52卷。全书收药众多，达1892种，方剂万余首，附1100余幅药图，约190万字。该书系统总结了中国16世纪以前的药物学知识，是中国药物学、植物学的宝贵遗产，对中国药物学的发展起着重大作用。英国生物学家达尔文称它为"古代中国的百科全书"。

好吃的历史

Hao Chi
de
Lishi

8

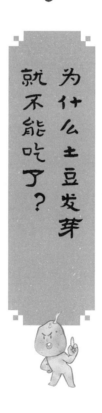

为什么土豆发芽就不能吃了？

　　有些食物，天生就带有毒素，我们在吃的时候，只需要避开有毒的部分，一般就能免于中毒了。但也有些食物，正常情况下并没有毒，如果吃法不对或者保存不当，就会导致人体中毒。

　　这类食物里，最典型的一种就是荔枝。荔枝的味道又香又甜，好多人都喜欢吃。还记得苏轼"拼死吃河豚"的故事吗？身为一个美食家，苏轼吃美食的一大特点就是走到哪儿吃到哪儿。他的仕途并不顺利，因为卷入了熙宁变法所带来的朝堂纷争，几起几落，晚年还被贬到广东惠州和海南儋州。别看这些地方在今天发展得都很不错，在当年可都是蛮荒之地。要换了别人，哪儿还有什么心思去品尝美食啊！但苏轼不一样，他刚到惠州的时候，就写了

《四月十一日初食荔枝》一诗，把荔枝的美味大大夸赞一番，之后更是写下了"日啖荔枝三百颗，不辞长作岭南人"的名句。

"三百颗"当然只是用了夸张的修辞手法，因为要是他真的每天吃上三百颗荔枝，恐怕会患上荔枝病。荔枝病的直接表现就是低血糖，血糖低了以后，人会心慌、头晕、哆嗦、出汗、昏迷，特别严重的话甚至会有生命危险。普通的低血糖其实不算病，因为人要是饿肚子饿久了都很容

易犯低血糖，这个时候只需要吃点糖，等一会儿就能缓过来了。

过去，人们曾经认为荔枝病的病因是荔枝中含有很多果糖，一次吃太多会引发体内胰岛素水平的剧烈变化，从而导致血糖降低。不过近年来有研究表明，荔枝病的真正原因可能不在果糖身上，而是一些氨基酸的衍生物，它们在人体内能够显著降低血糖水平，使人产生低血糖的症状。

在我国发现的荔枝病病例中，大部分都是荔枝种植户或者商户家的孩子，因为他们最容易吃下过量的荔枝。小孩的胃口本来就比成年人小，荔枝吃多了，就吃不下饭了，这一不吃饭，就更容易出现低血糖，如果没能及时补充葡萄糖，可能会引发严重的后果。当然，成年人也不是完全保险，"日啖荔枝三百颗"说说就得了，可别真的照做。

荔枝虽然可能会引发荔枝病，但当然算不上有毒的食物。有些食物，如果储存不当，可能会从无毒变成有毒。最典型的例子，就是发芽的土豆。土豆能够长出新芽，是因为土豆本身其实是一种特殊的茎，叫作"块茎"，茎是植物发芽、长叶子的地方。你不妨找一颗土豆，冲洗干净，仔细观察它的表面，会发现土豆的表面有一个一个的小坑，那些坑就是土豆要长芽的位置。

有一部科幻电影叫《火星救援》。故事发生在未来，人类可以登陆火星的时候。主角是一名宇航员，在火星上遇到了风暴，被困在了火星上，还好基地里有一些土豆，他就靠着种土豆、吃土豆撑到了救援队赶到。种土豆，靠的就是块茎和上面长出来的新芽。土豆这东西，看着好像挺耐放的，但实际上储存期并不算长，放在家里，一两个月就到储存极限了。哪怕是在条件最好的冷库里，顶多也只能放半年。

我可以种土豆吃土豆等待救援

在《火星救援》的故事里，从地球飞到火星需要四个月的时间，这个时间其实已经超过一般情况下的土豆储存期了。如果要让这个故事的情节符合现实，就只能这样解释：要么就是未来已经培育出了耐放的土豆新品种，要么就是人类的冷藏技术更先进了。只有这样才能让土豆在飞船上多保存一些时间。要不然，还没等宇航员飞到火星，土豆就已经超过储存期限了。

超过储存期限后，土豆只要还没"死"，就会拼尽一切力量发出芽来。发芽的土豆中，龙葵素等有毒物质的含量会大量升高，人吃了以后会出现中毒症状。所以，发芽的土豆尽量不要吃。也有些品种的土豆如果保存在高温、光照强的环境里，表皮会变绿，体内龙葵素也会增多，这样的土豆就算没发芽，也最好不要吃，因为它同样可能让人中毒。

除了放太久能自己产生毒素的土豆，还有一些食物放久了会被细菌、真菌污染。细菌、真菌这些微生物在食物上生长，有可能制造出非常危险的毒素，比如说甘蔗。

甘蔗的茎里富含蔗糖，提取出来可以做成白糖、红糖和冰糖。其实，甘蔗也能直接吃，冬天的时候水果店就会卖甘蔗，店主一般都会帮客人把甘蔗削皮、切段。

我们发芽不能吃，有毒的！

有人喜欢一边嚼甘蔗一边嘬里边的甜水，也有人愿意让店主把甘蔗榨成汁，直接喝甜甜的甘蔗汁。

甘蔗本身没有毒，也不会像土豆那样自己产生毒素。但是，它会被真菌污染。不管是吃甘蔗的时候，还是榨甘蔗汁的时候，都要注意仔细观察甘蔗芯的颜色。正常的甘蔗，芯是白色的，如果发红，那可千万别吃，这样的甘蔗体内往往有一种名叫"甘蔗节菱孢霉"的真菌。这种真菌会释放出毒性很强的毒素，有可能会给人带来生命危险。一根甘蔗只要有一小段发红，那整根都可能有毒，整根都不能吃了，因为那些看不见的毒素会扩散，不只停留在发红的部位。

除了甘蔗，还有一种食物我们也需要非常注意。2020年10月，我国黑龙江省发生了一起食物中毒事件。当时，有一家人聚餐，吃了一种当地的特色主食，叫酸汤子。结果，这一家人都中了毒，最后有九人死亡。一种当地人普遍都爱吃的主食，怎么会夺取九个人的生命呢？这就得先看看酸汤子是怎么制作的了。

酸汤子是一种用酸玉米面做成的类似面条样子的食物。和酿酒一样，玉米面变酸，是依靠微生物的发酵作用。只不过，酿酒时的发酵，主要用的是酿酒酵母，而制作酸汤子时的发酵，主要用到的是乳酸菌。

在酸汤子的发酵过程中，特别容易长一种细菌，叫作"椰毒假单胞菌"。这种细菌因为最早是在印度尼西亚的椰子发酵制品中发现的，所以得了这么个名字，其实它和椰子没什么直接关系，是在土壤环境中广泛存在的一种细菌。这种细菌能制造出米酵菌酸等强力毒素，这些毒素不怕冷、不怕热，煎炒烹炸都不能破坏它。人一旦中毒，没有治疗的特效药。那一家人吃的酸汤子，就是在发酵过程中被椰毒假单胞菌污染了，这才导致了悲剧。

发酵过程中容易长椰毒假单胞菌的食物，不止玉米面一种。大米、面粉等主食，都适合椰毒假单胞菌生长。所以，在吃米面制品的时候，一定要提高警惕，最好别吃发酵的米面制品，以免中毒。干粉丝虽然没经过发酵，但是吃之前一般都需要用水泡开，正常泡个十几二十分钟，这没啥问题，但是

泡太久的粉丝不能吃，有毒的！

如果泡得时间太长，就容易有椰毒假单胞菌繁殖。

除了米面，椰毒假单胞菌还喜欢在银耳、木耳上生长，所以超市里卖的银耳和木耳，大都是干的，而不是新鲜的。干的银耳和木耳吃之前也得用水泡，和粉丝类似，注意别泡太久，不要给细菌留出繁殖的时间。

其实，所有的食物都要趁新鲜吃，如果你怀疑食物已经变质了，就果断扔掉吧。因为，就算里头没有致命的毒素，吃出肠胃炎来也不是什么好事。浪费食物确实不好，但要是因为节约，把自己"吃"进了医院，不是更耽误事、更浪费吗？

Hao Chi
de
Lishi

9

好好的豆腐，怎么就变臭了？

听到"臭豆腐"这个名字，你首先会想到什么样的食物呢？

如果你是北京人，那你想到的大概是那种装在瓶子里的青灰色腐乳。一拧开瓶盖，你就会闻到一股子浓烈的臭气。这种腐乳虽然闻起来味道不太好，但吃起来的口感非常柔软，咸中带鲜。

如果你是湖南长沙人，那你想到的大概是油炸臭豆腐。这种臭豆腐长得有点像豆腐干，是灰黑色的，本身没什么咸味，炸熟以后需要撒上作料吃。

如果你是鲁迅的同乡——浙江绍兴人，那你印象中的臭豆腐，就不是灰黑色的，而是白色的。这样的臭豆腐上锅蒸熟就是一盘菜，切块油炸就是市井小吃。

　　其实，不止北京、长沙和绍兴，好多地方都有臭豆腐。不管这些臭豆腐是什么颜色、什么吃法，它们有两个共同点：第一，臭；第二，是用豆腐做的。那么，问题来了：好好的豆腐，怎么就臭了呢？

　　臭豆腐的制作原理和酿酒一样，也要归功于微生物的发酵作用。酿酒时，是酿酒酵母把糖类转变成了酒精，而制作臭豆腐时，微生物会把豆腐中的蛋白质转变成一些具有鲜味或臭味的物质。臭豆腐的独特风味就是这么来的。

　　不同的臭豆腐，用到的微生物种类也不太一样。比如长沙臭豆腐和绍兴臭豆腐，主要依靠细菌帮忙，如乳酸菌、荧光假单胞菌、枯草芽孢杆菌等。制作时，都是先利用微生物的发酵作用做出臭卤水，再把豆腐放到臭卤水中浸泡几个小时，最后就得到了臭豆腐。

　　臭卤水的做法，各地可就不一样了。长沙人做臭卤水一般会用到豆豉，还会用到一种叫作"硫酸亚铁"的物质，使豆腐染上黑色。而绍兴人呢，是用腌臭苋菜梗的汤水来做臭卤水的。这臭苋菜梗可是绍兴特产，除了用来做臭豆腐，还能用来做臭豆腐干、臭冬瓜。因为绍兴人用的卤水里没用硫酸亚铁，所以绍兴臭豆腐并不黑，炸出来以后金黄金黄的，看上去和普通炸豆腐差不多。

而北京人眼中的臭豆腐，也就是那种青灰色的豆腐乳，又是怎么做的呢？它也是发酵的产物，但不像其他臭豆腐那样需要先发酵出臭卤水来浸泡豆腐，而是让豆腐直接发酵。要做豆腐乳，得先把豆腐切成小块，然后，让一类叫作"毛霉"的微生物在上边生长。接种了毛霉的豆腐，全身上下都会长满细长的白毛，看上去毛茸茸的，那其实就是毛霉的菌丝。

毛霉是一种霉菌，能够分解豆腐里的蛋白质。蛋白质被分解后，豆腐的质地会变得更松软。而且，毛霉在生长的过程中会产生一些鲜味的物质，豆腐的风味也会因此而发生改变。所以，豆腐乳的口感和味道跟普通豆腐相比，已经大不一样了。

如果把这种长了毛的豆腐放到玻璃瓶里，再加进去特制的盐水汤让它继续发酵，就能得到一种臭臭的青灰色腐乳了，也叫"青方"。北京的王致和臭豆腐就属于这种。

长沙臭卤水做法:

绍兴臭卤水做法:

如果把盐水汤换成用酒和红曲米等原料制作的红汤，那最后得到的就是红色的腐乳，也叫"红方"或者"酱豆腐"。

做酱豆腐用的红汤也是发酵的产物。红汤的红色，来源于红曲霉，它也是一种霉菌，可以生长在大米上，制造出红曲色素。这种色素是红色的，颜色很鲜艳，而且不容易褪色。不管是煎炒烹炸，还是其他做法，都不会让红曲色素消失。所以，这种色素也会用到别的食品里，比如说好多香肠的红色就是红曲色素提供的。

经常有人会把红曲霉和黄曲霉搞混，别看只有一个字不同，这可是性命攸关的大事。红曲霉对人无毒无害，是很好的食用色素来源，而黄曲霉产生的黄曲霉素是强力的致癌物。发霉的粮食、坚果上最容易长黄曲霉，一旦发现它们有发霉的迹象，就不能再吃了。

发酵对咱们餐桌的贡献，还远不止腐乳和臭豆腐这两样，像火腿、酸奶、奶酪、黄油、泡菜、咖啡、巧克力等，都得靠发酵才能做出来。过去蒸馒头、蒸包子时得先发面。发面的原理是利用酵母发酵产生的二氧化碳把面团撑起来，形成多孔的松软结构。现在很多人图省事，就用小苏打代替酵母。小苏打遇水虽然也能释放出二氧化碳，让面团发起来，但会让面团缺少一些酵母发酵产生的香味。

厨房里那些瓶瓶罐罐的调料，多半也都是发酵的产物。比如料酒，是加了香料的酒。所有的酒，不管是白酒、黄酒，还是葡萄酒，都含有酒精，都是酿酒酵母通过发酵作用制造出来的。

关于发酵，还有一个民间故事。有个财主，家里产业挺多，又养猪，又卖酒，又卖醋。这个财主虽然富有，但很吝啬，请人写对联却不舍得付钱。于是写对联的人就戏弄他，给他写了这样一副对联：上联是"养猪大如山，耗子头头死"，下联是"酿酒缸缸好，造醋坛坛酸"。财主一看，觉得像是夸他，挺高兴。但是呢，古时候没有标点符号，对联挂出去以后，别人一念，断句就变了，成了"养猪大如山耗子，头头死；酿酒缸缸好造醋，坛坛酸"。这断句一变，意思马上就不一样了，从夸奖变成了嘲讽。

你可能会说，上联好懂，"养猪大如山耗子，头头死"就是说猪长不大养不活嘛，但下联是什么意思呢？为什么说"酿酒缸缸好造醋，坛坛酸"呢？酒是酒，醋是醋，酿酒怎么能造醋呢？这样说是因为酿酒和造醋的关系非常密切。

酿酒用到的酿酒酵母属于兼性厌氧生物，环境中有没有氧气都能活，和咱们人类不一样，人类要是呼吸不到氧气，过不了多久就会死掉。酿酒酵母如果生活在有氧气的环境里，可以正常生长繁殖，但是不能制造酒精，只有在

无氧环境中才会制造出酒精。所以说，如果想用酿酒酵母来酿酒，就必须给它创造无氧的生存环境。

但是，如果酒缸里出现了氧气，其他一些喜欢氧气的微生物可就高兴了，它们会开始大量繁殖，跟酿酒酵母抢地盘。其中有一种微生物，叫作"醋酸杆菌"，你一听名字就能猜出来，它跟醋有关系。

醋酸杆菌会用糖或者酒精当原材料来制造醋酸。在古代，醋还有个别名，叫"苦酒"，很多古书中都有记载。所以有人认为，最早的醋，可能就是酿酒的时候没密封好，让酒缸里进了空气，一不小心给造出来的。氧气一来，酿酒酵母就"休息"了，醋酸杆菌接过"工作"继续发酵，把酿到一半的酒给变成了醋。所以，刚才那个故事里的下联"酿酒缸缸好造醋，坛坛酸"，就是在说财主家的酿酒技术不过关，酿的酒全都变成了醋。

当然了，现在咱们买到的瓶装醋，早就不是酿坏了的酒了，而是专门酿造的醋。用粮食酿醋的时候，要不停地翻动原料，让醋酸杆菌充分接触氧气，这样发酵才能顺利进行。中国的醋，原料大多是粮食，也有用柿子等水果酿醋的，只是比较少，而在古代欧洲，水果醋比较常见，比如今天在意大利还能买到的摩德纳香醋，就是用葡萄汁当原料酿出来的。有人认为，这种醋很可能也是葡萄酒或者制作葡萄酒时剩下的葡萄汁发酵变酸的产物。

　　除了料酒和醋，酱油也是发酵的产物。酱油的主要原

料是大豆，有时候还会用麦粒或者面粉。制造酱油的微生物是另一类霉菌，名叫曲霉，曲霉会分解大豆和面粉里的蛋白质，生成鲜味物质，酱油的鲜味就是这么来的。

另外一些调料和酱油是同门师兄弟，比如黄酱、甜面酱、豆豉酱、豆瓣酱，它们也都是曲霉的发酵产物。另外，发酵做酱的技术，在很早以前就从中国传到了咱们的周边国家。韩国的大酱、日本的味噌，也都是靠曲霉发酵来的。

味精也是发酵的产物，它的原材料一般是淀粉，参与发酵的微生物是一类名字挺长的细菌，叫"谷氨酸棒状杆菌"。这种微生物的生活习性跟醋酸杆菌有点像，有氧气才能工作。不过，淀粉发酵过后，还需要经历一些其他反应才会变成味精。

这么一数，厨房调料里，和发酵没关系的好像也就是油、盐、糖这几样了，其他的几乎都是发酵的产物。

所以你看，细菌、真菌这些微生物，对咱们还挺重要的。好多人一听到"菌"字，就会想到生病，觉得名字里带"菌"的都是坏家伙。其实啊，微生物的种类特别多，容易让人得病的只是少数。大多数的微生物和人类的生活没什么直接关系，还有一些微生物呢，会参与食物的发酵过程，或者是用来生产药物，可以说是非常重要了。

好吃的历史

Hao Chi
de
Lishi

10

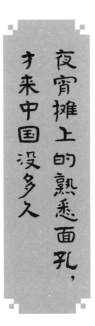

夜宵摊上的熟悉面孔，
才来中国没多久

你有没有近距离地观察过路边的夜宵摊？什么烤串啊，炸鸡啊，凉皮啊，冷锅串串啊……各家夜宵摊卖的东西不一样，但是无论是哪家摊子，估计都有辣椒或者辣椒粉、辣椒酱。真可谓是"流水的夜宵，铁打的辣椒"啊。不过，你知道吗？中国人吃辣椒的历史，其实并不太长。

很多人听到这话，就已经忍不住要反驳了，尤其是四川、重庆、云南、贵州、江西、湖南、湖北这些地方的朋友。对他们来说，辣椒明明就是祖祖辈辈一直吃的东西，怎么

能说吃辣椒的历史不太长呢？

有一个关于饺子起源的传说，也提到了辣椒。相传东汉晚期，有个叫张仲景的医生，看到好多人在冬天被冻伤了，就用羊肉和辣椒做馅儿，包在面里给大家吃。张仲景觉得，人吃了这种"辣椒药丸"以后，身体会被辣得发热，就不会觉得那么冷了，冻伤也能因此痊愈。瞧瞧，这个故事里，用羊肉和辣椒做馅儿包在面里，这不就是辣椒馅儿的饺子嘛。

别急别急，流传很广的故事，未必就是真实的。这个故事中关于张仲景、饺子和辣椒的描述，都有问题。

先说张仲景这个人。他是东汉末年著名的医生，被誉为"医圣"，按说应该和同时期的另一位名医华佗一样，被写在史书里。但是，在《史记》《汉书》《三国志》《后汉书》等史书中，华佗的事迹都有记载，而关于张仲景只字未提。张仲景的名字和生平事迹仅仅是在后世的《抱朴子》《晋书》《校正伤寒论》中被简短地提到，说他名叫张机，字仲景，做过长沙太守。可是，东汉末年的长沙太守中，姓张的只有张羡和张怿二人，并无张机。

所以说，张仲景的生平目前还有很多疑点，古籍中对他和饺子的故事也根本没有任何记载。据推断，东汉时期中国还没有饺子，现在已知最早的饺子是在新疆一个唐代的古墓里出土的。唐代可比东汉晚了好几百年呢。这个唐代古墓里的饺子不知道是什么馅儿的，但是，肯定不会是辣椒馅儿，因为唐代也没有辣椒。

那么，辣椒是从哪里来的？中国人又是什么时候才吃上辣椒的呢？

过去的观点认为，关于辣椒的最早记载是在明末浙江杭州人高濂写的《遵生八笺》中。现在人们发现，同样是明末的《群芳谱》中，也出现了关于辣椒的记载，可能要更早一些。这倒不是因为发现了什么新的考古证据，只是因为《遵生八笺》在明清之际有两个版本：初版比《群芳谱》早，但是没有提到辣椒；第二版写到了辣椒，但是比《群芳谱》要晚几年。

当时的人管辣椒叫"番椒"。"番"是外国或外族的意思，名字带"番"字的植物基本上都是从国外传过来的，番椒自然也不例外。传过来之后，中国人就开始吃辣椒了吗？也没有。我们先看看高濂的《遵生八笺》里是怎么介绍辣椒的：

丛生，白花，果俨似秃笔头，味辣色红，甚可观……

真好看！

意思是说，番椒这种植物丛生，开白花，果实形状像秃了的毛笔头，红色的，挺漂亮的。"味辣色红，甚可观"，从这个描述就可以看出来，高濂虽然知道辣椒有辣味，但并没有想着吃它，只是觉得它挺好看。所以，辣椒在明代末期刚传入中国的时候，应该只是被人当成观赏植物，种在盆里当花养的。

后来，到了清代早期，又有一本书里介绍了辣椒，书名叫《花镜》。光看书名就知道，这本书是写花草的，不是写蔬菜的。前边提到的那本《群芳谱》，实际上也是讲述园艺花草的著作。高濂是浙江杭州人；《花镜》的作者陈淏子和高濂是老乡，也是杭州人；而《群芳谱》的作者王象晋是山东人。这些信息都指向了一个事实：辣椒应该是在明代末期从浙江、山东等东部沿海地区进入中国的。

其实，从"番椒"这个名字中，也能看出端倪。古人给外来事物起名时有个规律：如果这个东西是从西域传来的，那大都"姓"胡，比如胡椒、胡瓜、胡萝卜；如果这个东西是从东南沿海地区传来的，一般都"姓"番，比如番茄、番薯、番木瓜、番石榴、番荔枝等。而"椒"，本义是指花椒，是一种辛辣的香料。"番椒"的意思就是"从东南沿海传来的，类似花椒的辛辣植物"。

现在有些地方管辣椒叫"海椒"，也说明了它来自沿海地区。你可能听过一句俗语，叫"南甜北咸，东辣西酸"，说的是咱们中国不同地区的人吃饭的口味不同，其中，"东辣"的说法多少跟四百多年前辣椒这个情况有关。

可是，现在那些爱吃辣的地方，像四川、重庆、湖南、贵州、云南、陕西等等，基本上都在咱们中国的西南部和西部啊，东南沿海地区好像不怎么以吃辣出名，这又是怎么回事呢？

这就是再后来的事了。辣椒来到中国之后，最开始是在东南沿海被人当花养的，后来又随着商船，渐渐传到了内陆省份。一直到清代前中期，才开始有人喜欢吃辣椒。

这股辣椒食用的热潮最早是在贵州一些地方出现的。为什么是贵州呢？清代乾隆年间的《贵州通志》里写了原因。当时贵州缺盐，饭菜要是不放盐，那可不怎么好吃，没有盐，当地居民只好用辣椒来下饭。吃多了，大家觉得，哎，辣椒这东西挺有味啊，就越吃越爱吃，然后一传十、十传百，到最后，西南很多地区的人都变得爱吃辣椒了。

而且，各地还会把辣椒和当地原本的调料结合起来，发展出自己的地方特色。比如说，四川人喜欢吃花椒，和辣椒结合到一起，就诞生了"麻辣"；贵州人、云南人喜欢吃酸，和辣椒结合到一起，那就是"酸辣"。而最早接触辣椒的东南沿海地区的人，虽然也还吃辣椒，但因为不缺盐，辣味就被埋没在众多的饮食口味当中，显得不那么突出了。

所以，中国人是到了清代前中期，大概两三百年前，才开始流行吃辣椒的，而且只是在南方地区流行。因为最早传进中国的辣椒品种喜欢温暖潮湿的地方，怕干怕冷，在北方不容易种活，所以就没能在北方流行起来。

那么，为什么后来北方人也开始喜欢辣椒了呢？那是因为又过了一百多年，大约清代晚期，有人培育出了适合种在北方的辣椒品种。这种辣椒的果实又细又长，现在叫"线椒"，形容它像丝线一样。线椒最早是在陕西汉中开始种的。现在陕西还有个说法叫"油泼辣子一道菜"，这个说法就是伴随着线椒出现的。最讲究的油泼辣子就是用线椒来做的，红红的辣椒面，浇上烧热的菜籽油，这就是陕西菜的香味呀。

所以，中国人开始吃辣椒的时间真的没有很久，清代以前，中国根本就没人吃辣椒呢。

那么，最早那些传到东南沿海的辣椒，又是从哪儿来的呢？总不能是自己从大海里漂过来的吧？

其实，辣椒真正的老家在美洲，当初是欧洲人把它从美洲带到了欧洲。

很早之前，欧洲人已经知道地球是圆的了，但是还不太清楚地球到底有多大，也不知道美洲大陆的存在。意大利航海家哥伦布以为，从欧洲向西航行，要不了多长时间就能到达印度和中国，可以通过这条航路把亚洲的丝绸、瓷器、茶叶、香料运回欧洲去卖。

于是，哥伦布就拉到了西班牙国王的赞助，买了船，雇了人，向西航行。可他没有到达亚洲，而是到了美洲。美洲人那个时候早就已经吃上辣椒了。哥伦布一尝，这玩意儿挺辣，有点像胡椒，可以当香料，就把它当胡椒带回去吧。就这么着，五百多年前，辣椒从美洲老家来到了欧洲。现在在英语里，胡椒是 pepper，而辣椒一般写作

chilli pepper 或者 hot pepper，和汉语的"番椒"是同样的起名思路。

再后来，辣椒就被欧洲商人带到了亚洲，带到了中国东南沿海，最后成了中餐里不可或缺的调料。对于我们的邻国日本来说，辣椒也是在差不多的时期传来的外来食物。在日语中，辣椒的汉字名字写作"唐辛子"。"唐"指的不是中国的唐朝，而是"外国来的"的意思，因为对当时的日本人来说，唐朝的中国是他们接触最多的外国。"辛子"的意思是芥菜籽，也就是真正的芥末，不是那个绿色的山葵，是一种辛辣调料。"唐辛子"的字面意思就是，"从外国来的辛辣调料"，和汉语"番椒"、英语"chilli pepper"完全是异曲同工了。

人物小传

　　华佗（？—208），东汉著名医学家。沛国谯县（今安徽亳州）人。以行医闻名于世。精内、外、妇、儿、针灸各科，尤擅长外科。对"肠胃积聚"等病创用麻沸散做全身麻醉后施行腹部手术，反映了中国医学于公元2世纪时，在麻醉方法和外科手术方面已有相当成就。他创有五禽戏，模仿虎、鹿、熊、猿、鸟的动作和姿态进行肢体活动，是一种很好的体育疗法。所著医书已佚，现存《中藏经》，为后人托名之作。

好吃的历史

Hao Chi
de
Lishi

11

没有辣椒的时候，
想吃辣怎么办？

　　辣椒是在明末传入中国，到清代才逐渐在全国各地流行起来的。这就引出了一个问题，咱们中国古代的人，在还没有辣椒吃的时候，吃不吃辣味的调料呢？

　　当然是吃的，而且种类还不少呢。

　　仔细想想，现在的调料里，带有辛辣味的也不止辣椒一种。"辣"这个字，现在的写法是：左边"辛"右边"束"。而在古代很长一段时间中，它大多写作"𮧯"，"束"和"辛"左右换位了。《康熙字典》中解释"辣"是"辛甚曰辣"。"辛"有"疼痛""刺激"的意思。也就是说，给人刺激性口感的食物，就算"辛"，比如葱、姜、蒜、韭菜、花椒、胡椒、芥末等等；特别"辛"的食物，就算"辣"，比如辣椒。

葱　姜　蒜　韭菜

花椒　胡椒

　　而辣椒的"椒"，在我国古代指的是花椒和花椒的一些近亲，它们都是芸香科花椒属的植物。川菜，比如红油火锅啊、水煮鱼啊等，里面的麻辣味，就是同时用了花椒和辣椒调制出来的。麻和辣虽然是食物吃进嘴里以后才出现的感觉，但它俩都不是味觉。辣实际上是一种痛觉（辣的感觉是辣椒素等作用于舌头中的痛觉纤维上的受体蛋白而产生的。这同时也是痛觉的传导方式。因此从神经科学的角度来说，辣更类似于痛觉）；而麻呢，就更好玩了，它居然是一种触觉。

　　花椒这个东西，老家就在咱们中国。早在《诗经》的年代，就已经有了"椒聊之实，蕃衍盈升"的诗句，意思是"花椒树上果实累累，多得可以把升装满"。古时候，花椒的名字一般就一个字——椒。后来，胡椒、辣椒先后从国外传了进来，人们给它们各自起了名字后，也给原本的椒加了个"花"字，以示区分。

　　古人特别喜欢花椒。有多喜欢呢？不光用花椒来做菜，还用它煮茶喝。三国时期的《毛诗草木鸟兽虫鱼疏》中说，花椒是"蜀人作茶，吴人作茗，皆合煮其叶以为香"。你琢磨琢磨，花椒味的茶水，闻着是挺香，喝起来可就不一定好喝了，可是古人还就喜欢。在"买椟还珠"的故事里，那个盒子就是用"椒桂"来熏香的。连皇宫里的装修材料，有时都要用上花椒。

汉代的皇宫中，有一座宫殿名叫"椒房"。椒房是皇后住的地方，很重要。为什么叫这个名字呢？因为当时的人觉得花椒香味好闻，果实还一结一大串，简直就是多子多福的象征。于是，他们用花椒和泥，把花椒泥涂在皇后房间的墙上，以此希冀皇室多子多福。这就是"椒房"名称的由来。再后来，有人用"椒房"来指代皇后或后宫，比如白居易在《长恨歌》中写到的"椒房阿监青娥老"，就是这个用法。

胡椒虽然原产于南亚，但最早主要是通过西域商人运到中原来的。比如，记述北魏王朝历史的《魏书》中，就有波斯国出产胡椒的记载。当时的波斯国位于现在伊朗所在的位置上，并不是胡椒的主要产地。波斯人运到中国的胡椒，主要是从印度地区弄来的。

你看现在的商店里，进口的东西通常都会比国产的贵一些，古时候也是这样。在当时，胡椒是进口货，价格自然不便宜，在明代以前，甚至都能算是奢侈品，别说老百姓用不起，就连那些达官贵族也不一定舍得买。

唐代的时候就出过这么一件事。有个大贪官，名字叫元载，这个人后来被皇帝下令抄家。按说，这样的人被抄家，肯定会抄出各种金银珠宝来，但是金银珠宝的数量具体有多少，史书里没写，只写了一句话，抄出来"胡椒八百斛"。

八百斛胡椒有多少呢？斛是古代的体积单位。根据《隋书》等文献的记载，唐代一斛约等于现在的六十升，一升胡椒的重量大约是六百多克，八百斛胡椒就是将近三十吨重。也有人根据其他的文献记载，算出来这八百斛胡椒约等于六十吨。不管哪个对吧，几十吨总是没错的。

要搁现在，几十吨胡椒倒也不算什么大事。谁家要是开个胡椒面工厂，仓库里的胡椒可能还更多呢。但这事放唐代就不一样了。皇上一看，忍不住说："好家伙，原本只知道他是个贪官，没想到这么贪！居然有这么多胡椒！这必须是死罪啊！"于是，皇帝下令把他给杀了。你看，当时的胡椒就有这么贵重，甚至比金银珠宝更值得被写进史书里。

古时候，胡椒还曾经被皇帝拿来当工资发给大臣。根

死罪！

据很多文献，我们可以知道，明代官员的俸禄——也就是工资——并不像现代人一样只是钱，而是分"本色"和"折色"两部分，本色指的是米，折色包括钱、布匹、胡椒和一种叫作"苏木"的染料。当然了，这些不同的俸禄组成项目，也有兑换的比例，不能乱发。永乐二十二年（1424年）时，每斤胡椒折合铜钱十六贯，十年之后的宣德九年，就已经涨到每斤胡椒折钱一百贯了。这既说明胡椒越来越贵，也反映出一件事：皇帝一直在偷偷克扣官员俸禄，所以发给他们的胡椒越来越少。到明代中期，因为胡椒库存不足，皇帝就干脆取消了发胡椒抵工资的制度。一直到明代后期海外贸易大规模兴起，胡椒才从奢侈品变成人们的日常调料。

虽然胡椒的老家不在中国，但其实咱们也有胡椒的亲戚——蒌叶。蒌叶也是辣的，而且也有人吃。据说，因为这种辣味食材，甚至有两个国家灭亡了。哪两个国家呢？一个是南越国，曾位于现在的广东；还有一个，就是成语"夜郎自大"中的那个夜郎国。

夜郎国的位置，大约在现在的贵州、云南一带。西汉早期时，它还不在汉朝的统治范围内。所谓"夜郎自大"，只是后人的演绎。在《史记》和《汉书》中，夜郎国的国王并没有妄自尊大的意思，只是问汉朝使者"汉和我们谁比较大"。因为当时的夜郎国地理位置偏僻，与外界信息沟通不畅，国王只不过是普通地打听一下情况而已。

还是《史记》中的记载，汉武帝时期，朝廷曾派一个叫唐蒙的使者去南越国。这个人到了南越国以后，当地人给他端上了各种好吃好喝的来招待，其中有一种酱，香香辣辣的，唐蒙一尝觉得挺好吃，就问那是什么，南越人跟他说："这个叫枸酱。"唐蒙接着问："这个枸酱是你们这

里的特产吗？"南越人说："不是，是蜀地的商人坐船走水路运来的。"蜀地就是现在的四川。

正所谓"说者无心，听者有意"，走水路能通到南越国这件事，就被唐蒙给记住了。他回到都城长安以后，找到蜀地商人询问详细情况，得知枸酱产自夜郎国。夜郎国有一条大江能通到南越国，可以走大船，这条江就是现在的珠江。

当时，汉武帝刘彻不满足于汉朝现有的领土，想要吞并南越国，但是汉朝领土和南越国之间隔着崇山峻岭（就是现在所说的"五岭"），道路艰险难行，根本无法调动大军进攻。但是，唐蒙从枸酱这件小事中发现，南越、夜郎和蜀地之间，有水路可以行船。蜀地可是汉朝的领土，于是，唐蒙说服了朝廷，从蜀地出发，降伏了夜郎国，把它划入汉朝的疆域。不久之后，又派将军路博德带领舰队顺江而下，攻灭了南越国。

说起来，南越国和夜郎国被灭国，居然与唐蒙在南越吃到了枸酱有关，这可够倒霉的。不过，这跟胡椒的亲戚蒌叶又有什么关系呢？根据后人考证，这个枸酱，也可以写作"蒟（jǔ）酱"，它的原料很可能就是蒌叶，只不过由于没有留下任何明确的文献记载，我们现在不清楚蒌叶具体是怎么做成酱的。不过，西汉之后的古书中，不止一次提到蒟酱，比如西晋左思的《蜀都赋》中，就写到"蒟酱流味于番禺之乡"。这说明在几百年后，蒟酱还是西南地区常吃的食物，可是到了明朝，有人在四川打听蒟酱的做法，就已经没人知道了。

好，咱们已经说了花椒、胡椒、蒌叶这三种古代的辣味调料，最后我再跟你说一种。这调料的名字你可能不陌生，在王维的诗里出现过，这首诗叫《九月九日忆山东兄弟》。这是一首写重阳节登山的诗，全诗内容如下：

独在异乡为异客，每逢佳节倍思亲。

遥知兄弟登高处，遍插茱萸少一人。

"遥知兄弟登高处，遍插茱萸少一人"意思是说，老家的兄弟们在重阳节这天登高，按照当时的风俗，大家会在头上插一种叫"茱萸"的植物，结果一看，哎，唯独缺了王维这一个人哪。

茱萸在古代指的是好几种结红色果子的植物，咱们要说的辣味食材就是其中一种，叫"食茱萸"。食茱萸还有个名字，叫"椿叶花椒"，意思是它的果实像花椒，叶子像香椿叶。这种植物的果实有辛辣味，在古代是很常见的调料。一千七百多年前，西晋人周处写了一本书叫《风土记》，没错，就是"周处除三害"里那个周处。《风土记》这本书早已失传，只在其他古书中留下了只言片语。《本草纲目》中就引用了《风土记》的记载，说当

最受欢迎的三种辣味食材

时最受欢迎的三种辣味食材是姜、花椒，还有食茱萸。

在古代，食茱萸不仅受欢迎程度和花椒差不多，用法也跟花椒差不多，就是把果实整个扔进饭菜里调味。宋代的宋祁在《益部方物略记》中说，当时的蜀人做菜时，只需要扔进去一两粒食茱萸，菜就能有扑鼻的香气，并且还说这种调料是"椒桂之匹"，和花椒、肉桂齐名。另外，东汉郑玄注解《礼记》时，也提到了食茱萸的一种用法。原文是"九月九日取茱萸，折其枝，连其实，广长四五寸，一升实可和十升膏"。大概意思是九月九日这天把食茱萸连枝带果放到油里熬，一升茱萸可以熬出十升油。味道应该跟现在的花椒油和辣椒油差不多。

既然食茱萸在古代这么常见，那么王维的兄弟们登高时头上插的是不是它呢？王维在诗里没说，不过应该不是。因为食茱萸有个最大的特点，就是枝上带刺，跟浑身长满小钩子似的，如果往头上插，那肯定会挂头发。在古时候，叫作"茱萸"的植物有好几种，除了食茱萸外，还有山茱萸、草茱萸、吴茱萸。而这个吴茱萸，叶子有特殊的香气，种子也有辣味，枝叶还没刺，比食茱萸更适合插在头上。

好吃的历史

Hao Chi
de
Lishi

12

雍正皇帝为什么要在圆明园里种番薯？

　　每到秋冬季节，烤番薯就在大街小巷上流行了起来。番薯这东西，不同的地方有不同的名字，比如白薯、红薯、地瓜等等。它的颜色、口感也多种多样，有的甜一些，有的不那么甜，有的口感偏软糯，也有的则干一些。大冷天的，要是在街上有一个戴着厚手套、推着大圆桶的摊主，那十有八九就是卖烤番薯的。那个大圆桶是烤炉，摊主从里面掏出烤得焦香的番薯，那个热乎劲儿，任谁都无法抵挡。

　　当然，番薯还有很

多美味吃法，比如说做甜品，做地瓜条，或者做红薯干。不过，你知道吗？番薯本来并不是中国的东西。从它名字中的"番"字就能看出，它是从东南沿海传进中国的作物。番薯之所以能上中国人的餐桌，多亏了明代一个叫陈振龙的人。

陈振龙是个读书人，老家在福建，十几岁就考中了秀才，后来改行经商，开始做海外贸易。具体来说，是把咱们中国生产的丝绸、茶叶、瓷器运去菲律宾，卖了换白银。

白银是一种漂亮的金属，也是当时中国的主要货币。但是，中国国内的白银产量不高，不够大家用的，海外的一些地方正好出产白银，又需要中国生产的丝绸等商品，于是，他们就和中国商人建立了贸易往来，各取所需。

不过，这个产白银的地方，并不是陈振龙前往经商的菲律宾。陈振龙等商人们用货物换回来的白银，其实是从美洲的一些地方运来的，比如北美洲的墨西哥。那么，这美洲的白银，怎么就跑到菲律宾去了呢？这事啊，还和哥伦布有关系。

1492年，哥伦布从欧洲出发向西航行，想直接到达亚洲，可最终到达的地方是美洲大陆。他以为自己到了印度，就把遇到的原住民叫作印第安人。在航海日记里，哥伦布多次提到：当地人喜欢吃一种植物的根，这种根长得像胡萝卜，既可以煮着吃，也可以烤着吃，味道像栗子，挺好吃的。哥伦布还说，这种植物特别好种，它会长出细长的藤条，只要把藤条剪下来插土里，就能活了。过一阵子等植物长出根来，就能收获了。没错，这种植物就是番薯。

我特好养

哥伦布返航的时候，把番薯带回了西班牙。在之后的几十年里，西班牙先后派出了许多舰队，占领了许多地盘当作自己的殖民地。白银就是西班牙人在美洲殖民地开采出来的。1570年前后，西班牙人又占领了亚洲的菲律宾群岛，就带着美洲产的白银来到菲律宾这里，和中国、日本的商人做生意。

西班牙人带到菲律宾的，不只是白银，还有一些美洲产的农作物，比如说番薯。为了解决粮食问题，西班牙人在菲律宾一带大力推广种植番薯，所以，等到陈振龙到这里做生意的时候，番薯在菲律宾已经随处可见了。

最开始，陈振龙给番薯起的名字叫朱薯，朱红色的"朱"，因为番薯的皮是红的。现在好多地方都管它叫红

把番薯带回国去

薯，也是一样的意思。番薯和白薯这俩名字都是后来才有的。"番"的意思咱们之前说过，是说它经由东南沿海地区传进来；而白薯的"白"呢，是说它的瓤颜色发白。

陈振龙见到番薯以后，想到的第一件事就是要把它带回国，就是因为哥伦布在航海日记里写下的话：番薯能当粮食吃，还特别好种，产量挺高。所以，如果番薯能引进中国来，可以让很多人填饱肚子。说到这里，就必须要插一句，虽然中国传统上是一个农业大国，但古时候的农民日子过得并不好，一来粮食产量很低，二来农民还要被收租收税。所以，哪怕是大丰收的年份，农民也就只能保证解决全家的温饱问题，遇到灾荒，那就更惨了。

所以，陈振龙见到番薯以后，就想把它带回国。可是，番薯是西班牙殖民者带过去的，对西班牙人来说，这是自己的资产，才不愿意被中国人带走。怎么办呢？陈振龙就偷偷地跟菲律宾农民购买番薯藤，还学了种植技术。

陈振龙带回番薯藤的经过，不同的文献中有不同的说法。有的说他是把番薯藤放到竹筒里，悬挂在船舷之外，这才躲过了西班牙人的检查。也有的说他把番薯藤假装成藤条，编进篮子里瞒天过海。还有的说他是把番薯藤编进了船上的绳子里，再在绳子上抹泥，来掩人耳目。不管陈振龙用的是哪种方法，最后的结果是，他在1593年，终于把番薯藤成功带回了中国，并种活了！

其实，陈振龙并不是第一个把番薯带到中国的人，在他之前，还有几个人做了类似的事，但后人公认陈振龙的贡献最大。为什么呢？因为他回国之后，还做了重要的推广工作。

陈振龙回到福建厦门后，马上让儿子写信给当时的福建巡抚金学曾，说他带回了一种新作物，又好种又好吃，可以在灾荒时节救人性命。这位金巡抚，也算是位挺有能力的官员。他在湖南担任地方官时，遇到过旱灾，就一边发粮赈灾，一边打击盗匪，最后总算是帮当地百姓撑过去了。可是到了福建，他发现老办法不灵了，因为缺粮的情况实在太严重。所以，他一收到陈振龙儿子写来的信，心里是这样想的："咦？还有这好事？得赶紧安排啊！"于是，金学曾立刻让手下人在福州城南试种，看看番薯在福建能不能种活。三个月后，大家发现，番薯不光能种活，收成还真不错，于是，这种植物在福建各地推广种植起来。

　　第二年，好巧不巧，福建南部地区先后发生了地震和旱灾，其他的粮食几乎颗粒无收。靠着金学曾之前推广种植的番薯，老百姓们才没有被饿死。为了纪念金学曾的功绩，当地百姓就开始管番薯叫"金薯"。陈振龙孙子的孙子，后来还写了一本书，叫《金薯传习录》，就是讲陈振龙和金巡抚推广番薯的事迹。

　　其实，这位陈振龙孙子的孙子，也为番薯推广做出了很大贡献。他叫陈世元，生活在清代。和他的爷爷的爷爷陈振龙一样，陈世元也是年轻时读书，后来改行经商。1749 年的时候，陈世元到了山东，发现那里先后遇到了旱灾、洪灾、蝗灾，民不聊生。陈世元便决定要在山东推广番薯。他找了两个朋友帮忙，凑钱买种苗、工具，还聘请了福建有经验的农民去山东种番薯。结果，和爷爷的爷爷一样，陈世元成功地在山东推广了番薯种植，救活了很多人。注意啊，

当初他们是自己出钱去外地救灾的，不图什么回报，很伟大的！

　　山东人刚开始种番薯的时候还碰到了一个困难。番薯的原产地在美洲的热带地区，它怕冷，所以，刚引进福建的时候很容易种活，但传到山东就不一样了。山东的冬天很冷，番薯会被冻死。怎么办呢？农民们想出了好主意。他们在地里挖菜窖，冬天把番薯存在里边保温，番薯就不至于被冻死。等到开春要种的时候，再把番薯拿到热炕上暖暖，给它们催芽。等番薯生出长长的番薯藤以后，把藤剪成一段一段的，往田里一插就能活了。直到今天，北方很多农村地区还是这样繁殖番薯的。

　　解决了过冬问题，番薯就可以在北方顺利推广了。在陈世元的不懈努力下，北方种番薯的人越来越多，也有很多地方官认识到这种新作物的前景，帮助宣传推广。时任山东布政使的李渭甚至还派人编词唱快板，让人到处传唱。看看，这不就相当于给番薯种植做广告嘛！

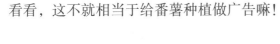
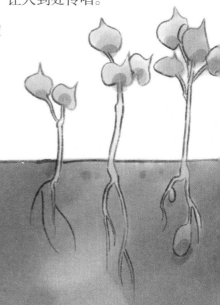

在这样的推广力度下，番薯就在北方落了户，连乾隆皇帝都对它重视了起来。1776年，乾隆皇帝下诏书，命令各地"推栽番薯，以为救荒之备"；1785年，华北大旱，他又叮嘱官员们推广番薯种植，后来还褒奖了陈世元父子。之后不久，番薯就成了我国的一种主要粮食作物。

其实，乾隆皇帝在小时候可能就听说过番薯，说不定还见过、吃过，因为在他父亲雍正皇帝在位时期，有福建的官员给皇帝送过一筐番薯。现在一筐番薯不值钱，但对雍正皇帝来说，这可是个新奇玩意儿。雍正下令，把这番薯给种到了圆明园里。圆明园可是当时的皇家园林啊，在皇家园林里专门扒拉出一块地来种番薯，现在听起来还真有点有趣。不过，番薯是牵牛花的近亲，不光像牵牛花一样能爬藤，开出的花也和牵牛花差不多，还真有点观赏价值呢。

好吃的历史

Hao Chi
de
Lishi

13

可乐的原料里
居然有玉米？

　　很多人去电影院看电影的时候，喜欢买一包爆米花，边看边吃。电影是 1895 年 12 月诞生的，距今一百多年了，那爆米花又是什么时候有的呢？听我这么一问，你可能会猜，是不是和电影出现的时间差不多啊？嘿嘿，那可差远了，爆米花诞生的时间，要比电影早得多。

　　2012 年，考古学家在位于南美洲的国家秘鲁的一处考古遗址里，发现了一些古代的爆米花，距离现在有 6700 多年。也就是说，电影的历史和爆米花的历史比起来，顶多只能算一个零头。当然了，当时的人做爆米花，用的可不是爆米花机，很可能只是把玉米粒放到火堆边上烤，烤爆了以后，就得到了爆米花。

　　古代秘鲁人用来做爆米花的玉米，是他们自己种的，

但是玉米真正的老家其实不在秘鲁，而是在墨西哥。我们现在能够确定，在大约 9000 年前，墨西哥的原住民把一种野草驯化成了粮食作物，这就是玉米。至于具体是哪种野草，学界还没有统一的观点。有人认为玉米由几种野生植物杂交而成，也有很多人认为，玉米应该是一种名叫"类蜀黍"的植物的后代。你看这名字，玉米也叫玉蜀黍，那类蜀黍，意思可不就是"类似玉蜀黍的植物"嘛。

只是，这个类蜀黍的样子，长得和玉米实在不怎么像。一般情况下，玉米的茎不分枝，是直上直下的一根粗秆，而类蜀黍的茎，会从贴着地面的位置分枝，看上去不是一根，而是一丛。等到结出果实，类蜀黍和玉米就更不像了。玉米的果序，也就是俗称的"玉米棒子"，是一根粗壮的圆柱，上面有很多列籽粒。而类蜀黍呢，果序都不能叫"棒子"，只是一根细长的穗，上边交替生长着两列籽粒，每一粒外面还有个硬壳。类蜀黍完全成熟后，这根穗子会自己断裂，籽粒也会散落到地上，生根发芽，这些特点都跟玉米棒子差得太远了。

这样的植物，怎么看怎么不适合当粮食作物。玉米其他的"疑似祖先"，也都没比类蜀黍强到哪里去，但是，墨西哥的原住民依旧驯化了它，让它逐渐变成了现在的玉米。玉米粒不光数量变多了，外边还不再有硬壳，成熟以后，玉米粒全都老老实实地待在玉米棒子上，人吃起来也方便了。你看看，这对人来说是多么友好的粮食啊。

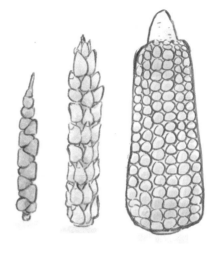

玉米在墨西哥诞生以后，就随着人类迁徙的步伐向周围扩散。六千多年前的秘鲁爆米花，就是在这个过程中出现的。又过了几千年，哥伦布来到了美洲，发现了当地人吃的这种新奇的谷物。根据当地语言中的发音，他给这种谷物起了个西班牙语的名字叫 maíz，也就是英语中玉米一词 maize 的由来。

哥伦布把玉米带回了欧洲，几十年后，玉米又传到了亚洲，传到了中国，只不过具体的传入途径大家都还没搞清楚，有可能是从东南沿海地区传入，也有可能是通过西北或西南地区的商路传入。和番薯类似，玉米的种植难度也不高，很容易适应新的环境。在一些山区和干旱的地方，像水稻、小麦这样的传统粮食作物不容易种活，但是，玉米和番薯就没问题。所以，玉米、番薯，还有同样来自美洲的土豆，它们在走出美洲之后，迅速成为重要的粮食作物，养活了世界上的很多人。

玉米刚到中国的时候，还不叫这个名字。古书中记载了它当时的好几个名字。比如"御麦"，意思是"皇帝的麦子"，这是因为玉米刚来中国的时候，曾经作为贡品被献给明朝皇帝。还有一个名字，叫作"玉蜀黍"。"蜀"是"高大"的意思，是说玉米的植株长得很高大。"黍"指的是五谷里的那个黍，也就是黄米。玉米粒成熟以后大多是黄色的，和黄米的颜色有点像。直到现在，玉米在中文里的正式名字还是叫"玉蜀黍"，至于"玉米"，其实是它现在流传最广的俗名。

甜玉米、糯玉米都不能做爆米花

玉米不光名字多，品种也多。有些是外国培育出来的，比如甜玉米。还有些是传到中国以后，中国人培育出来的，比如糯玉米。甜玉米、糯玉米，都挺好吃，但都不能用来做爆米花，因为它们籽粒的外皮太薄了。要想做爆米花，玉米粒的外皮得特别厚实才行，这就得用一类特殊品种的玉米。

为什么要用这样的玉米呢？因为玉米粒要想变成爆米花，离不开它内部的水分。爆米花机内部升温加热之后，会把玉米粒里的水分变成水蒸气，水变成水蒸气以后，体积会变大。如果玉米粒的外皮比较厚，水蒸气不容易从玉米粒里头漏出来，只能在里边憋着。水蒸气越憋越多，就会把玉米粒撑起来，好像变成了气球一样。最后，玉米粒"嘭"地炸开，就变成了爆米花。

如果换成其他品种的玉米，外皮比较薄，那就不太行了。因为外皮上会有很多肉眼看不见的微小缝隙，加热以后产生的水蒸气，会从缝隙里悄悄溜走。这就好比扎了好多眼的气球，这样的气球可吹不起来。所以，普通玉米就算放到爆米花机里，一般也只会被爆得"胖"了一点，不会炸开变成爆米花的。

说完了爆米花，我们再来说说爆米花的好搭档。

看电影的时候，除了爆米花，很多人还会带上可乐、雪碧这些碳酸饮料。这些饮料中，都含有很多的糖。

那么，这些饮料里的糖，是什么糖呢？你可能首先会想到白砂糖。没错，可乐等饮料里，确实有白砂糖，但是在配料表中的位置，一般都在第三位。按照规定，食品配料表里的不同成分，必须要按照从多到少的顺序来写，最多的写在第一位，第二多的写在第二位，排第三位的自然就是第三多的。

奶茶里也有玉米成分

就拿可乐来说，配料表里第一位是水，饮料嘛，肯定是水最多，这正常。排第二的是果葡糖浆，也就是说，它在可乐里的含量要比白砂糖多。果葡糖浆是什么呢？它是一种人造的糖浆，也叫玉米糖浆，因为它最常用的原料就是玉米。所以说，别看可乐、雪碧、芬达喝着都没玉米味，但其实全都含有玉米的成分。

除了可乐、雪碧这些碳酸饮料，还有一种常见的饮料里也会加果葡糖浆，那就是奶茶。奶茶店里调制奶茶的时候要加玉米糖浆，像是其他的添加配料，什么珍珠啊、椰果啊，也都是先在玉米糖浆里泡过的。所以可以这么说，奶茶里也有玉米的成分。

玉米糖浆的味道比白砂糖更甜，成本也更低。但是，有研究结果显示，玉米糖浆可能比白砂糖更不利于健康。如果实在想喝饮料，不如去选择那些碳酸饮料的无糖版本，它们虽然比不上白开水健康，但跟含糖的饮料比起来，还是健康多了。

所以你看，玉米对当今世界的影响也太大了。驯化玉米的美洲原住民，肯定也想不到，一种野草的后代，竟然会在几千年后漂洋过海，养活亿万人，还给人们的生活增添了多样的乐趣。

事实上，对整个世界产生了重大影响的美洲植物不只是玉米一种，还有番薯、土豆、番茄、烟草、菠萝、南瓜、可可、陆地棉等等，它们能够传播到欧亚大陆，最关键的历史节点就是哥伦布的舰队到达了美洲。在哥伦布之后，不光美洲的物产被引入欧亚大陆，欧亚大陆的很多植物也被带到了美洲去，比如葡萄、咖啡、甘蔗等，它们至今仍是美洲很多地区重要的农作物。除了植物，还有动物，比如马。在远古时期，美洲有过原始的马类动物，但是后来灭绝了。有人认为，美洲原住民没能发明轮子，就是因为他们没有马之类的大型牲畜可用。哥伦布之后，欧洲人把马带去了美洲，马这种动物才在美洲大陆上重新出现。

后来，有研究者给十五世纪开始的新旧大陆物种大规模交换起了个名字，叫作"哥伦布大交换"，它的意义不止在于生物本身的迁徙，对人类文明的进程也造成了深远的影响。但是，正像驯化玉米的美洲原住民想不到玉米现在会那么重要一样，当年的哥伦布本人也不可能想到他会改变世界，因为他当年出航的目的，仅仅是想找到一条通往亚洲的新航线而已。

好吃的历史

Hao Chi
de
Lishi

14

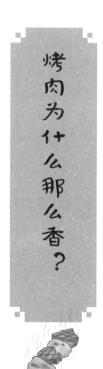

烤肉为什么那么香？

　　《孟子》中记载了这么一个小故事。孔子的学生曾皙和曾参是一对父子，曾皙喜欢吃羊枣，他死后，儿子曾参就再也不吃羊枣了。他们的同学公孙丑问孟子："脍炙和羊枣哪个好吃呀？"孟子回答："脍炙好吃。"公孙丑又问："既然脍炙好吃，那曾参为什么在父亲去世后吃脍炙而不吃羊枣呢？难道不应该吃不好吃的羊枣吗？这样才显得痛苦啊！"孟子告诉他，脍炙人人都爱吃，羊枣却是曾参父亲独特的喜好，所以曾参才只是不吃羊枣啊。

　　从这个故事里，我们可以看出，早在春秋时期，脍炙就是美食的典型了。所谓"脍"，就是细细切成薄片的肉，在古代一般指生鱼、生肉。"炙"是烤肉，在篆书中的字形就是把"肉（月）"放在"火"上。很多人都爱讨论某

种食物的起源，但是"脍"和"炙"根本无法考证最早是谁发明的，因为这两种吃法太原始了，应该是出现在人类拥有语言文字前。

原始不等于不好吃。现在，生鱼、生肉有人喜欢，也有人难以接受，可这烤肉，几乎就没什么人不喜欢吧？不需要真的入口，只要闻到烤肉的香味，就足以勾起人的食欲了。不过，你有没有想过，烧烤为什么会有这样诱人的香味呢？

给烤肉、烤鱼带来香味的物质，来源于一类特殊的化学反应。发现这个反应的人，是一个名叫"美拉德"的法国化学家，于是大家把这个反应叫作"美拉德反应"。美拉德反应的发现时间是1912年，而人们搞清楚它的原理，是八十多年以后的事了。一般来说，化学反应都有反应物和生成物，也就是原材料和产物。美拉德反应需要的原材料有两种，一种是糖类物质，另一种是氨基酸。

这里说的糖类物质，指的不是具体的某种糖，而是个化学概念。在化学上，糖类物质包括很多种类，常见的有蔗糖、果糖、葡萄糖、麦芽糖、淀粉等等。糖类物质并不是都能被人体消化吸收的，比如木头和纸的主要成分"纤维素"，也属于糖类，人就消化不了；虾壳、螃蟹壳的主要成分"壳聚糖"，也属于糖类，人也消化不了。在各种各样的糖类物质里，能够作为美拉德反应的原料的，只有其中的一部分种类。

氨基酸也分很多种，是蛋白质的基本组成成分。而蛋白质又是构成生物细胞的重要物质。所有生物的细胞里，都有蛋白质，也都有氨基酸。

所以你看，美拉德反应的两个原料，糖和氨基酸，都挺常见的，大部分食物里都有。这是不是说明，美拉德反应也很常见呢？没错，你看，烤肉有香味，烤面包也有啊，就是因为在烤面包的过程中同样发生了美拉德反应。

面包是面做的，面里有淀粉，属于糖类，那蛋白质和氨基酸是从哪里来的呢？其实，面团里也有蛋白质。比如，一种叫凉皮的小吃（也有叫酿皮的），是用面团里

的淀粉做成的，那一块一块的面筋，就是面粉中的蛋白质。一般来说，烤面包要用高筋面粉，这样才能让面团变得蓬松有弹性，也能产生出足够多的香味。

说到这里，又出现了两个新问题。第一个问题是，既然都是同一类反应，那为什么烤肉和烤面包的香味不一样呢？这是因为，糖有很多种，氨基酸也有很多种，不同的糖和不同的氨基酸反应，释放出来的香味就不一样。

第二个问题是，美拉德反应是不是得经过烤才能出现啊？你看，烤肉、烤面包，都是烤的，别的做法能不能让它出现呢？能，但是有条件，需要在一定的温度下，而且水分还不能太多才能出现。烧烤、炒菜、油炸的时候能满足这些条件，肉香味就比较容易出来。

要是煮或者蒸，那就不行了，温度不够，湿度也不合适，所以炖肉虽然香，但不如烤肉香。类似情况，在别的食物上你也能感受到，比如说前面提到的番薯。过去一到冬天，街头巷尾总会有人推着车卖烤番薯，用的都是那种大汽油桶。真要说起来，肯定不太干净，但那香味飘散出来，特别吸引人。蒸番薯和煮番薯就没这么香，原因是美拉德反应不够。如果谁家里厨房比较小，没地方安装烤箱，但也想做出来香喷喷的烤番薯，那就得用空气炸锅，而不能用微波炉，也是这个道理。

很多人早上都喜欢吃油饼。在北京、天津等地，炸油饼的地方一般会卖两种油饼，一种是普通油饼，一种是糖油饼。糖油饼光闻着就比普通油饼香，就是因为上边加了一层糖。下锅炸的时候，糖和面团里的氨基酸发生了更多的美拉德反应，所以，糖油饼闻起来更香。同样是面团和红糖，要是做成糖三角蒸着吃，味道还是甜的，但香味可就比糖油饼差远了。

美拉德反应不光能产生香味，还能改变颜色。面包烤熟了颜色会变成黄色或者棕色，肉烤熟了以后会变成褐色，这些都是美拉德反应的产物。吃牛排的时候最容易对比美拉德反应前后的颜色变化。牛排烤好后，一刀

面包烤熟变黄，变棕都是美拉德反应

切下去，你就能看到牛排的横断面——外层褐色，内部红色。顺便说一句，牛排内部的红色，不是血的颜色，它流出来的红色汁水，也不是血水，那种红，来源于肌肉细胞里的一种物质，它的名字叫"肌红蛋白"。

说到肉的颜色，咱不得不提一道家常菜——红烧肉。

这道菜如果做得好，那可真是色香味俱全。香味，主要是美拉德反应带来的，颜色呢，就不止美拉德反应了。做红烧肉的时候，有一个必不可少的工序，叫作"上色"，要是不上色，那做出来的肉就只能叫"白烧肉"了。

给红烧肉上色的方法主要有两种，一种是用酱油上色，还有一种是炒糖色。炒糖色需要先在锅里放油，烧热了以后加白糖或者冰糖，开小火熬，过一会儿，等糖变成深棕色后，糖色就算炒好了。这时赶紧把肉放进去，完成后边的工序，最后出锅。

白糖熬完了会变成棕色，也是因为发生了化学反应，这种化学反应叫作"焦糖化反应"。焦糖化反应和美拉德反应最大的区别就是，它不需要用到氨基酸，只靠糖自己就可以了。糖有很多种，也是只有少数几种能发生焦糖化反应。蔗糖就可以，由蔗糖构成的白糖、冰糖、红糖等糖，都能产生焦糖化反应。

如果你观察过卖糖葫芦的或卖糖画的人熬糖，就能看到焦糖化反应。他们把本来没什么颜色的冰糖、白糖放进锅里，加点水后一边加热一边慢慢搅动，不一会儿，锅中的糖就会慢慢变黄。用这种糖做出来的冰糖葫芦上会裹着一层黄色的透明糖壳。这是因为蔗糖发生焦糖化反应以后，颜色会逐渐变深，带有特殊的香气。这种香气不同于肉香，同时伴有苦味和些许酸味。要想体验它的味道，最简单的方法就是买一个焦糖布丁吃。

吃个焦糖布丁试试

焦糖化反应所得到的黑褐色物质，就是焦糖，也叫焦糖色，是一种常用的食用色素。可乐的黑褐色，就是来自里面加的焦糖。有一道菜叫可乐鸡翅，就是利用可乐中的焦糖色来给鸡翅上色。酱油和醋的颜色，也有一部分来自焦糖，比如生抽和老抽的一大区别就是，生抽没添加焦糖色，而老抽添加了焦糖色，所以颜色更深。还有一些颜色比较深的啤酒和威士忌，酿造的时候也需要加入焦糖来调色。

其实啊，在餐桌上会发生的化学反应，远不止美拉德反应和焦糖化反应这两个。餐桌上的化学反应可以说是又多又复杂，直到今天还有许多谜团，等待着喜爱美食的研究者去揭开。

好吃的知识有力量！扫描二维码，可以免费获得著名科普作家吴昌宇的 4 门精选课程，快来开启舌尖旅行吧！

给孩子的《普通动物学》课

带孩子在轻松有趣的动物故事里了解动物的演化

★ 形成完整清晰的知识体系，建立联系、快速学习
★ 分析经典实验，把实验题变成孩子的强项
★ 40 多个有趣的动物故事，孩子更爱听
★ 用生物思维构建专属于自己的知识框架

课程目录　01 记忆也可以移植吗？ · 02 恐龙真的灭绝了吗？ · 03 蝉也会做乘法吗？ · 04 鲸的亲戚竟然是河马？ · 05 周末课堂 – 你应该认识的 10 种动物朋友

《神奇植物在哪里》

让孩子动脑学知识，动手做实验，成为小小植物学家！

★ 12 个科学实验，边玩边学，让孩子爱上动手做实验！
★ 150 种神奇植物大揭秘，激发孩子好奇心
★ 打造植物百科全书，让孩子对知识的理解更加深入

课程目录　01 食草恐龙真的存在吗？ · 02 看年轮能分辨出南北吗？ · 03 种子是怎样旅行的？ · 04 什么花让达尔文都惊了？ · 05 世界上有没有能吃人的树？

《人体探秘 30 讲》

带孩子进入神秘的人体迷宫，解开人体的奥秘！

★ 全方位探索人体，让孩子深刻认识人体，了解自己！
★ 科普身体基本知识，培养健康生活习惯
★ 三大单元助力探索身体的秘密

课程目录　01 消化一个汉堡需要哪几步？ · 02 什么？蚊子每天都在喝珍珠奶茶？ · 03 小猫小狗真能听懂你的话吗？ · 04 怎么才能让自己长高个？ · 05 为什么有人闻到花香就打喷嚏？

好吃的知识有力量！扫描二维码，可以免费获得著名科普作家吴昌宇的 4 门精选课程，快来开启舌尖旅行吧！

《舌尖上的博物学》

利用身边触手可得的 100 多种食物，带领孩子尝遍关于食物的文化与知识！

★ 5 大类别，跟着食物学生物
★ 40 讲课程，串起全球文明发展史
★ 100+ 食物，换个方式学历史
★ 珍惜食物，培养良好饮食习惯

课程目录　01 梁山好汉吃牛肉真的犯法吗？·02 果冻是怎么"冻"起来的？·03 "早茶"喝的是什么茶？·04 雍正皇帝为什么要在圆明园里种番薯？·05 烤肉为什么那么香？